Mania de Matemática

Ian Stewart

Mania de Matemática

Diversão e jogos de lógica e matemática

Tradução:
Maria Luiza X. de A. Borges

Revisão técnica:
Samuel Jurkiewicz
Coppe-UFRJ

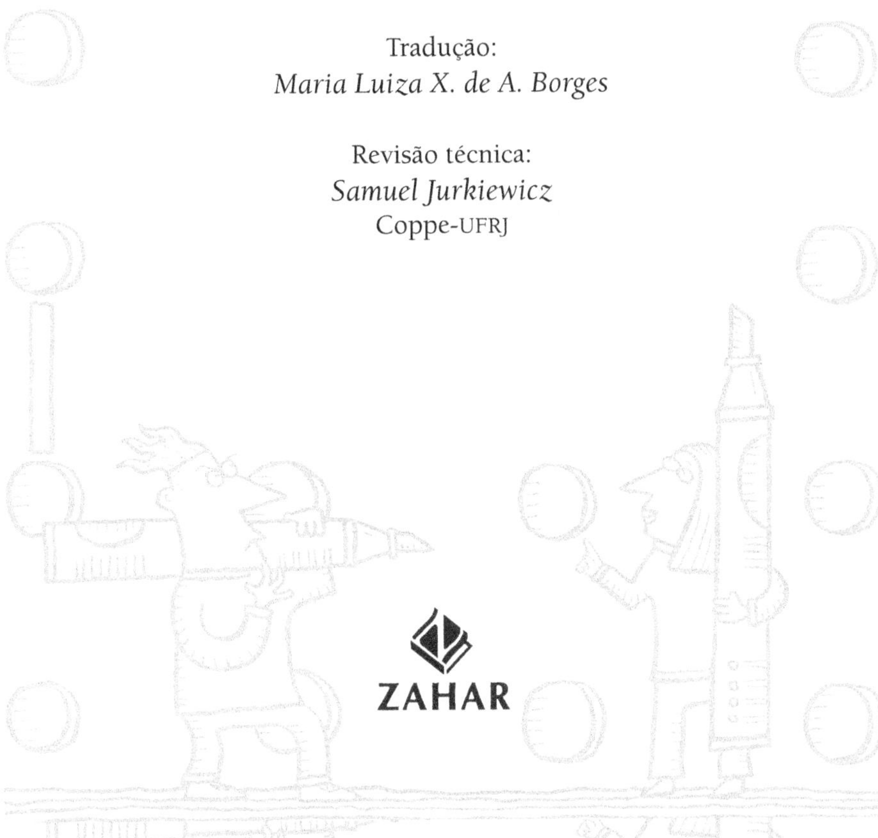

ZAHAR

Título original:
Math Hysteria
(Fun and Games with Mathematics)

Tradução autorizada da primeira edição inglesa
publicada em 2004 por Oxford University Press,
de Oxford, Inglaterra

Jorge Zahar Editor Ltda.
rua Marquês de S. Vicente 99 – 1º | 22451-041 Rio de Janeiro, RJ
tel. (21) 2529-4750 | fax (21) 2529-4787
editora@zahar.com.br | www.zahar.com.br

Grafia atualizada respeitando o novo Acordo Ortográfico da Língua Portuguesa

Projeto gráfico e diagramação: Victoria Rabello
Capa: Sérgio Campante

CIP-Brasil. Catalogação na fonte
Sindicato Nacional dos Editores de Livros, RJ.

Stewart, Ian, 1945-
S871m Mania de matemática: diversão e jogos de lógica matemática / Ian Stewart; tradução, Maria Luiza X. de A. Borges. — Rio de Janeiro: Zahar, 2005.
il.

Tradução de: Math hysteria: fun and games with mathematics
Inclui bibliografia
ISBN 978-85-7110-853-0
1. Matemática recreativa. 2. Matemática – Humor, sátira etc. I. Título.

05-1395 CDD: 793.74
CDU: 51-8

Sumário

Prefácio

Quando eu tinha cerca de 16 anos, um dos pontos altos do mês para mim era a leitura da coluna "Mathematical Games", de Martin Gardner, publicada na revista *Scientific American*. Cada artigo continha alguma coisa nova para atrair minha atenção – era matemático, e era divertido. Como tive a sorte de possuir alguns excelentes professores da disciplina, já sabia que matemática podia dar prazer e não era algo pronto e acabado. A coluna de Martin Gardner reforçava essas mensagens. E embora tratasse de jogos (mais tarde, não sei por quê, o nome mudou para "Mathematical Recreations", o que soa mais maçante), havia muita matemática "séria" misturada com as brincadeiras.

Acho justo dizer que a coluna de Martin Gardner foi uma das razões por que acabei me tornando matemático. Ela me mantinha interessado e deixava claro que havia lugar de sobra para novas ideias e pensamento criativo nesse campo. Além disso, ao contrário de muitos de meus colegas de profissão, nunca me preocupei em separar os aspectos "sérios" da matemática dos divertidos. Não que não visse a diferença; simplesmente não a considerava lá muito importante. Para mim, o que interessava era matemática, e eu gostava tanto de trabalho matemático quanto de brincadeira matemática, sem sentir qualquer necessidade de separá-los.

Em *The Colossal Book of Mathematics*, Martin Gardner conta: "[minha] longa e feliz relação com *Scientific American* ... começou em 1952, quando vendi à revista um artigo sobre a história das máquinas lógicas." Após 25 anos no comando, ele decidiu tratar de outras coisas, e sua coluna passou por várias mãos. Douglas Hofstadter, autor de *Gödel, Escher e Bach*, que lhe valeu o prêmio Pulitzer, foi o primeiro. Ele mudou o nome da coluna para "Metamagical Themas", engenhoso anagrama de "Mathematical Games". Depois Kee Dewdney, autor de *The Planiverse*, tomou as rédeas, e a coluna passou a se intitular "Computer Recreations". Nessa altura, o Deus das Colunas Matemáticas decidiu me brindar com a oportunidade de assumi-la, embora a intervenção divina tenha levado algum tempo para se manifestar.

Tudo começou com os franceses. *Scientific American* é traduzida para mais de uma dúzia de línguas, entre as quais o francês. "Traduzida" não é bem a palavra, porque cada edição em língua estrangeira inclui seu próprio material, às vezes desloca artigos de um mês para outro, ou os omite inteiramente. A edição francesa chama-se *Pour la Science*, e seu editor, Philippe Boulanger, quis manter as "Mathematical Recreations" além de publicar a coluna que a substituíra, "Computer Recreations". Assim, convenceu vários matemáticos franceses a colaborar escrevendo artigos. Isso funcionou durante alguns anos, até que o colaborador mais regular concluiu que não poderia continuar. Graças a uma série de coincidências, acabei convidado para me encarregar da coluna, o que fiz com grande entusiasmo. Meu primeiro artigo foi publicado em setembro de 1987. Passados alguns anos, "Mathematical Recreations" disseminou-se pelas edições alemã, espanhola, italiana e japonesa da revista. Em dezembro de 1990, poucos meses depois de "Computer Recreations" ter se metamorfoseado de novo em "Mathematical Recreations", abriu-se para mim a oportunidade de assumir a coluna na revista mãe.

Também eu tive uma longa e feliz relação com *Scientific American*, escrevendo 96 artigos ao longo de um período de 11 anos. Escrevi mais 57 em *Pour la Science* e outras traduções; alguns deles nos quatro anos antes de começar a escrever para a revista mãe, outros para converter o que foi de início uma coluna bimensal nos Estados Unidos numa coluna mensal na França. Alguns desses artigos já foram reunidos em livros, uma tradição também iniciada por Gardner: em inglês eles se intitulam *Game, Set and Math* e *Another Fine Math You've Got Me Into*. ("Math" costuma funcionar melhor que "Maths", e depois a revista *se* chama

"Scientific *American*".) Há outras coletâneas em francês e alemão. Espero que, ao fim e ao cabo, todos os artigos sejam publicados em pelo menos – e de preferência no máximo – um volume. *Mania de matemática*, com 20 artigos até agora não acessíveis em forma de livro, é mais um passo nesse programa.

Martin Gardner é inimitável. Nunca houve qualquer expectativa de que seus sucessores repetissem sua fórmula mágica, e tenho certeza que nenhum de nós chegou sequer a tentar isso. Sei que eu não tentei. O que buscamos foi, isto sim, reproduzir o espírito da coluna: apresentar ideias matemáticas sugestivas de uma maneira divertida. Mais de três mil anos atrás os professores de matemática da antiga Babilônia introduziam enigmas em seus textos cuneiformes para prender a atenção dos discípulos. Os egípcios antigos faziam o mesmo. Desconfio que foram os gregos, com sua ênfase na cultura elevada, que inauguraram a tradição oposta de apresentar a matemática numa armação solene, formal. Culpo Euclides e seus imitadores por tornar a matemática enfadonha e mecânica, obcecada em comprovar que a afirmação 17 do Teorema 46 decorre do Lema 25, e a afirmação 18, da Proposição 12. Não tenho nada contra provas, mas há tempo e hora para isso, e as primeiras etapas do desenvolvimento da intuição visual na matemática não são uma coisa nem outra.

Como os capítulos deste livro não estão dispostos segundo nenhuma ordem particular, o leitor pode mergulhar praticamente em qualquer lugar. Só os dois capítulos que tratam da teoria da probabilidade aplicada ao Banco Imobiliário formam uma minissérie e será melhor lê-los em sequência. Os temas vão desde as excentricidades da lógica ("Eu sei que você sabe que...") até os tópicos mais avançados, entre os quais otimização ("O Rinoceronte de Robbingham"), e poliedros ("A conjectura do fole), passando por matemática combinatória ("A quadratura do quadrado"), números curiosos ("Quantas cabeças de gado tem o Sol?") e geometria ("Quebra-cabeças bidirecionais"). Alguns tratam de estratégias para vencer jogos matemáticos ("Jogos para chocólatras"), outros, dos complicados protocolos de uma partilha que contente a todos ("A partilha perfeita") ou de provas de impossibilidade ("Teorias do dominó"). Alguns abordam assuntos práticos: "O princípio antropomúrphico" revela por que, num universo sensatamente construído, a torrada sempre cai com a manteiga para baixo. "Guia de navegação entre calendários" explica por que toda cultura tem seu próprio calendário e como todos eles se relacionam, e "Com quantos homens se faz uma pirâmide?" calcula quantos operários foram necessários para construir a Grande Pirâmide de Quéops. E se você quiser ganhar um milhão de dólares pensando sobre jogos de computador (e não os jogando), aí está "O Campo Minado de um milhão de dólares", que vincula o sistema operacional Windows às fronteiras da pesquisa matemática no século XXI.

Uma palavra de agradecimento – não, palavras de arrebatada gratidão, profusas demais para serem registradas aqui – ao cartunista Spike Gerrell, cujas vacas loucas, piratas absurdos e monges perplexos valorizam estas páginas. Spike captou o espírito do livro com uma perspicácia e uma precisão que me parecem assombrosas. Meu muito obrigado também à Oxford University Press e seu *staff* de editores, copidesques, preparadores e tudo mais que transforma uma ideia vaga num livro pronto.

Devo terminar confessando que há muita matemática "séria" sorrateiramente introduzida em meio às brincadeiras e jogos – desloquei os exemplos mais flagrantes para "boxes" independentes, para que você não se sinta logrado. Assim, pode ter certeza de que, enquanto contempla as esquisitices das vacas de Arquimedes, está também às voltas com os fundamentos da teoria dos números. Não estou, contudo, tentando lhe *ensinar* coisa alguma. Quero apenas que você se divirta com algumas amostras dessa invenção humana notável que é a matemática.

IAN STEWART
Coventry, junho de 2003

– 1 –
Eu sei que você sabe que...

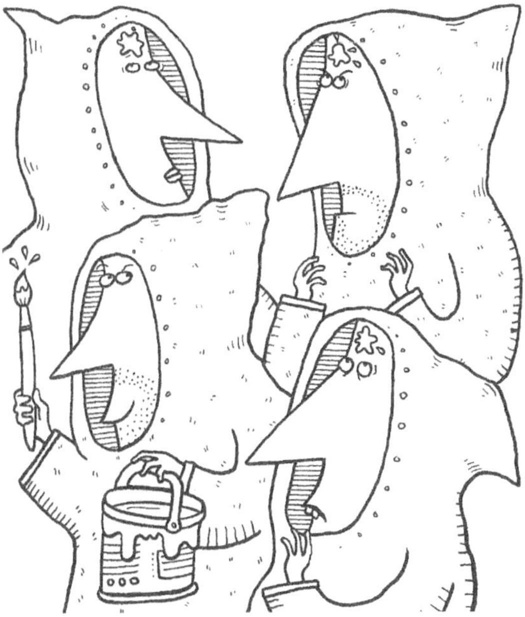

Às vezes não basta simplesmente saber uma coisa – temos que saber que mais alguém sabe. Ou que outros sabem que nós sabemos que eles sabem que... Estas considerações levam ao conceito de "conhecimento geral", e ele tem consequências. Depois que uma coisa se torna de conhecimento geral, torna-se possível fazer deduções sobre o raciocínio de outras pessoas.

Os bem-educadíssimos monges da ordem Perplexiana gostam de armar ciladas lógicas uns para os outros. Certa noite, quando os freis Arquibaldo e Benedito dormiam, frei Jonas entrou pé ante pé na cela deles e pintou uma mancha azul no cocuruto da cabeça raspada de cada um. Quando os dois acordaram, ambos viram, é claro, a mancha na cabeça do outro, mas, sendo bem-educados, não abriram a boca. Cada qual pensou vagamente se também estaria com uma mancha azul na cabeça, mas era bem-educado demais para perguntar. Foi então que frei Zenão, que nunca assimilara muito bem a arte da diplomacia, entrou e começou a soltar risadinhas. Interrogado, lembrou-se dos bons modos e recusou-se a dizer uma palavra além de:

– Pelo menos um de vocês está com uma mancha azul na cabeça.

Ambos os monges sabiam disso, é claro. Mas de repente Arquibaldo pôs-se a pensar. "Eu sei que Benedito está com uma mancha no cocuruto, mas ele não sabe que... Será que *eu* estou com uma mancha? Bem, suponhamos que não; nesse caso, deduzo imediatamente da observação de Zenão que *ele* está. Mas ele não se mostrou nem um pouco embaraçado – xi, isso significa que *eu* devo estar manchado de azul!" Nessa altura, de repente, Arquibaldo ficou vermelho como um pimentão. Benedito também enrubesceu, exatamente no mesmo instante, quase exatamente pela mesma razão.

Sem o comentário inocente de Zenão, nenhum dos dois teria podido fazer esse raciocínio, e no entanto o filósofo não lhes dissera – aparentemente – nada que já não soubessem.

Esse efeito torna-se ainda mais intrigante quando o experimentamos com três monges. Agora os freis Arquibaldo, Benedito e Cirilo dormem em sua cela, e Jonas lambuza de azul a cabeça dos três. Novamente, quando os freis acordam, cada um repara a mancha azul na cabeça dos dois outros, mas nada diz. Esse impasse lógico é rompido quando Zenão joga sua bomba:

– Pelo menos um de vocês está com uma mancha azul na cabeça.

Bem, isso leva Arquibaldo a refletir, e o que ele pensa é isto: "Suponhamos que eu não esteja com uma mancha. Nesse caso Benedito está vendo uma mancha em Cirilo, mas não em mim, e pode se perguntar se *ele* próprio está com uma mancha. E pode fazer o seguinte raciocínio: 'Se eu, Benedito, não estiver com uma mancha, Cirilo está vendo que nem Arquibaldo nem eu estamos com uma mancha, e pode deduzir imediatamente que ele próprio está manchado. Como Cirilo, que é um lógico exímio, teve tempo de sobra para fazer este raciocínio e até agora não se mostra nada embaraçado, é sinal de que eu, Benedito, estou borrado de azul.' Ora, como Benedito, que também é um lógico exímio e teve tempo de sobra para fazer este raciocínio, também não parece embaraçado até agora, só posso concluir que na verdade eu, Arquibaldo, estou com uma mancha." Nesse instante Arquibaldo fica vermelho como um pimentão – e igualmente vermelhos ficam Benedito e Cirilo, que seguiram linhas de raciocínio muito parecidas.

O mesmo tipo de argumentação funciona para quatro, cinco ou mais monges – supondo-se novamente, por enquanto, que todos estão com o cocuruto pintado de azul. Suas deduções vão se tornando mais complicadas, mas, não importa quantos monges haja, o anúncio de que pelo menos um deles está com uma mancha azul na cabeça provoca uma cadeia dedutiva que leva cada um a concluir que ele próprio está com a cabeça manchada. Quando o número é grande, torna-se útil usar alguam instrumento para marcar o tempo, de modo a podermos sincronizar as reflexões dos envolvidos, e introduzirei um daqui a pouco, quando começarmos a analisar o que está se passando. Coisas igualmente paradoxais acontecem quando alguns monges estão com uma mancha na cabeça e outros não – retornarei a isso.

Existem muitos enigmas deste tipo, envolvendo crianças com rostos sujos, pessoas com chapéus ridículos numa festa, duas pessoas que estão de posse de números inteiros positivos consecutivos mas não sabem qual delas tem o maior – existe até uma versão nada politicamente correta sobre infidelidade conjugal entre os membros de uma tribo insular. Todos eles são indubitavelmente intrigantes, pois todo o processo é desencadeado por alguém que anuncia um fato perfeitamente evidente para todos os envolvidos. No entanto, quando começamos a analisar o que se passa, fica claro que, na verdade, o anúncio contém informação nova. Neste caso, a informalidade da linguagem, tantas vezes útil, obscurece o que se passa.

Voltemos ao primeiro exemplo com os dois monges. Zenão anuncia:

– Pelo menos um de vocês está com uma mancha azul na cabeça.

Que sabem realmente os monges? Bem, Arquibaldo sabe que Benedito está com uma mancha, e Benedito sabe que Arquibaldo está com uma mancha. Mas estes fatos não são a mesma coisa. Quando Arquibaldo ouve a afirmação de Zenão e conclui que isso ele já sabia, "um de vocês" para ele é Benedito. Mas quando Benedito ouve a afirmação de Zenão e conclui que isso ele já sabia, seu "um de vocês" é Arquibaldo. Não se trata, em absoluto, da mesma afirmação. O que a declaração de Zenão faz não é apenas informar a Arquibaldo que alguém está com uma mancha. Ela também lhe informa que agora Benedito sabe que alguém está com uma mancha, e se trata do *mesmo* alguém. Assim, a afirmação de Zenão não diz a Arquibaldo nada de novo sobre o que o próprio Arquibaldo sabe, mas diz de fato a Arquibaldo algo de novo sobre o que Benedito sabe.

Quebra-cabeças lógicos desse tipo são conhecidos como enigmas de "conhecimento comum", e todos se baseiam nos mesmos mecanismos. O que importa não é o conteúdo da afirmação: é o fato de todos saberem que todos os outros sabem daquilo. Assim que esse fato se torna de conhecimento comum, torna-se possível raciocinar sobre as reações dos demais a ele.

Voltemos aos monges. Suponha agora que há cem monges, todos com uma mancha na cabeça, todos na ignorância disso e todos lógicos assombrosamente rápidos. Para sincronizar o pensamento dos monges, suponha que o abade tem uma sineta.

– De dez em dez segundos tocarei esta sineta – anuncia o abade. – Isto lhes dará tempo de sobra para fazer as deduções lógicas necessárias. Imediatamente depois que eu tocar a sineta, todos aqueles entre vocês que tiverem conseguido deduzir que estão com uma mancha, levantem a mão.

Transcorrem dez minutos de silêncio. Exceto pelo toque repetido da sineta do abade, nada acontece.

– Ah, que cabeça a minha! Eu me esqueci. Aqui está mais uma informação: pelo menos um de vocês está com uma mancha azul na cabeça.

Em seguida nada acontece por 99 toques de sineta, e de repente, após o 100º toque, todos os cem monges levantam a mão ao mesmo tempo.

Em essência, a lógica da situação é a seguinte. O monge número 100, digamos, pode ver que todos os outros 99 estão com manchas. "Se eu não estiver com uma mancha", ele pensa, "os outros 99 sabem disso. Isso me exclui completamente dos cálculos. Portanto, se eu não estiver manchado, eles estão fazendo todas as séries de deduções que podem ser feitas com 99 monges. Se eu tiver discernido corretamente a lógica para 99 monges, após 99 toques todos eles levantarão a mão". Assim o monge número 100 espera o 99º toque, e nada acontece. "Ah, então minha suposição estava errada – eu só posso estar com uma mancha." A sineta toca pela 100ª vez, ele levanta a mão. Idem para os outros monges.

A lógica para 99 monges (sobre a base hipotética de que o monge 100 não está manchado) é a mesma: agora o monge 99 prevê que os outros 98 levantarão a mão ao 98º toque, *a menos* que ele mesmo, monge 99, esteja com uma mancha. E assim por diante, sucessivamente, até que finalmente chegamos a um único monge hipotético, que não vê nenhuma mancha em lugar algum, fica surpreso ao saber que alguém está com uma nódoa, imediatamente deduz que só pode ser ele mesmo e levanta a mão após o primeiro toque.

Este é um caso de "indução matemática", que diz que se alguma propriedade de números inteiros n se aplica quando $n = 1$, e se sua validade para n implica sua validade para $n + 1$ qualquer que seja n, ela deve ser válida para *todo* n.

Até agora, supus que todos os monges estavam com uma mancha, mas por um raciocínio semelhante você pode se convencer de que este não é um requisito essencial. Suponha, por exemplo, que, no total de cem monges, 68 estão com uma mancha. Nesse caso, com perfeita lógica, nada acontece até o 68º toque da sineta, instante em que todos os que têm manchas levantam a mão simultaneamente, mas nenhum dos outros.

Os enigmas de conhecimento comum foram amplamente investigados, e algumas referências úteis podem ser encontradas num artigo de David Gale (ver Sugestões de leitura no fim deste livro). O exemplo mais matemático – e o de mais longo alcance – ali descrito foi inventado por John Conway (Princeton University) e Michael Paterson (University of Warwick, Reino Unido). Imagine um chá de matemáticos loucos. Cada conviva usa um chapéu em que está escrito um número. Esse número dever ser maior ou igual a zero, mas não precisa ser um número inteiro; além disso, o número de um dos convidados deve ser não zero. Arranje os chapéus de modo que nenhum jogador possa ver seu próprio número, mas possa ver os de todos os outros.

Passemos ao conhecimento comum. Há uma lista de números pendurada na parede. Um deles é o total de todos os números nos chapéus dos jogadores – mas ninguém sabe qual deles é o total correto. Finalmente, suponha que o número de possibilidades na lista é menor ou igual ao número de jogadores.

A cada dez segundos uma sineta toca, e todos os que souberem seu próprio número – ou, o que dá no mesmo, souberem o total correto, uma vez que todos podem ver os números de todos os outros – *devem* anunciar o fato. Conway e Paterson provaram que, com perfeita lógica, algum conviva acabará por fazer esse anúncio.

À primeira vista, isso é paradoxal. Suponha, por exemplo, que há três jogadores, e no chapéu de todos está escrito o número 2, ao passo que na lista pendurada na parede lê-se 6, 7, 8. Cada jogador vê um subtotal de 2 + 2 nos chapéus dos outros dois, logo, o número no seu próprio deve ser 2 ou 3 ou 4. Portanto cada um dos outros está olhando ou para 2 + 2, ou para 2 + 3 ou para 2 + 4, e qualquer um dos totais – 6, 7 ou 8 – é possível (lembre-se de que alguns jogadores, embora não todos, podem ter zero em seus chapéus). Assim, nenhum total pode ser excluído. No entanto, graças à sineta, os jogadores podem fazer inferências a partir do fato de que os outros jogadores ainda não anunciaram conhecer os números. A cada toque, alguns conjuntos de números são excluídos, e isso conduz à inesperada conclusão de Conway e Paterson.

Para ter uma ideia do que está em jogo, considere apenas dois jogadores, e suponha que a lista pregada na parede é 6, 7. Como os próprios números não são conhecidos, chame-os x e y. O que ambos os jogadores sabem é que $x + y = 6$ ou $x + y = 7$. Agora, um pouco de geometria. Os pares (x, y) que satisfazem essas duas condições são as coordenadas de dois segmentos de linha no quadrante positivo do plano (Figura 1.1).

Se x ou y forem maiores que 6, o jogo terminará após o primeiro toque, porque o outro jogador poderá ver imediatamente que um total de 6 é impossível. Os pares (x, y) para os quais isso acontece são mostrados na Figura 1.2. (Aqui é preciso ter um pouco de cuidado: os pontos (1, 6) e (6, 1), situados nas extremidades dos segmentos marcados, *não* são eliminados. Falta uma extremidade aos segmentos eliminados, aquela mais próxima do meio das linhas inclinadas.) Se nenhum dos dois jogadores responder após o primeiro toque, essas possibilidades são eliminadas. O jogo terminará então no segundo toque, se x ou y forem menores que 1. Por quê? O outro jogador pode ver o chapéu com um número menor que 1, e sabe que seu próprio número é 6 ou menos; portanto, o total de 7 é excluído. Os pares para os quais o jogo termina no segundo toque são mostrados na Figura 1.3.

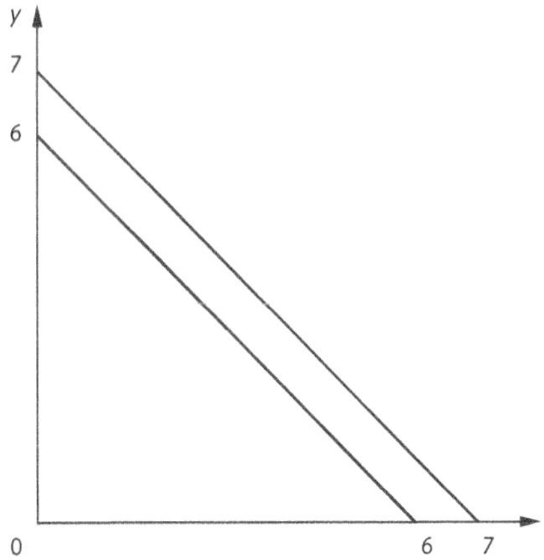

Figura 1.1
Dois segmentos de linha correspondem aos números possíveis nos chapéus.

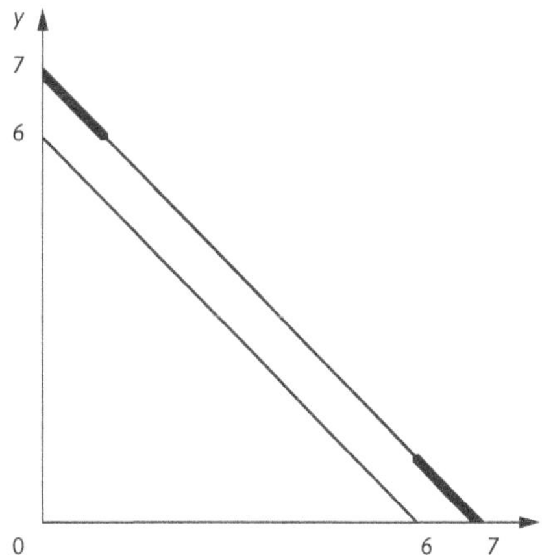

Figura 1.2
Se os números caírem nos segmentos representados por linhas grossas, o jogo termina ao primeiro toque.

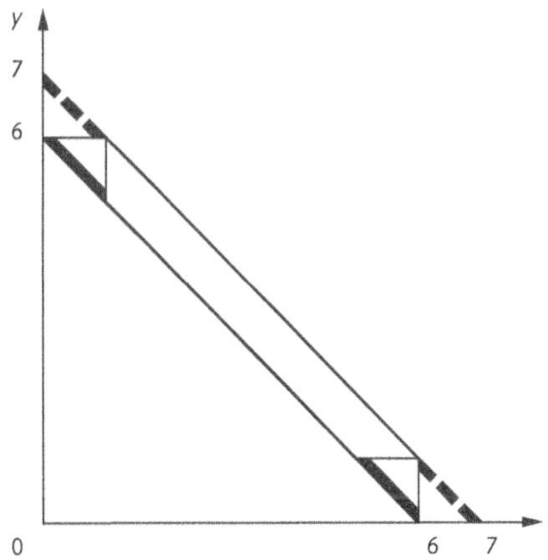

Figura 1.3
Se os números caírem nestes segmentos, o jogo termina ao segundo toque.

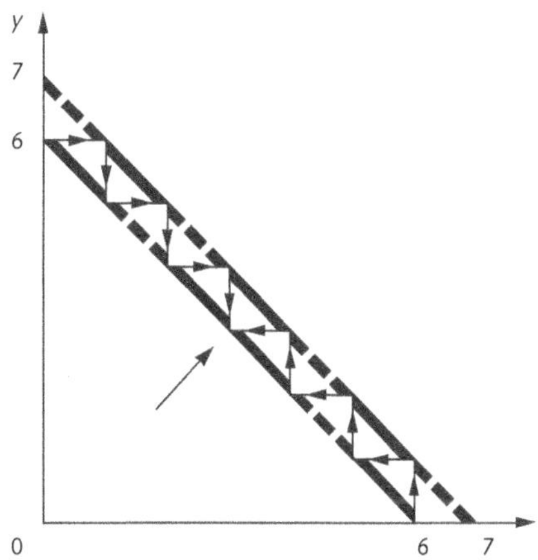

Figura 1.4
Prosseguindo ao longo de duas "escadas" entre as linhas, descobrimos por quanto tempo o jogo continua para qualquer par de números (o número de toques exigido está marcado nos segmentos apropriados; falta a cada segmento a extremidade situada mais perto do centro das linhas inclinadas). Aqui, o maior número de toques requerido é 8.

Levando-se adiante essa linha de raciocínio, os pares (x, y) para os quais o jogo cessa após um dado toque formam as sucessivas diagonais de duas "escadas", uma que desce a partir do alto à esquerda e uma que sobe a partir de baixo à direita, como na Figura 1.4. Esses segmentos diagonais esgotam rapidamente as possibilidades. De fato, neste caso, o jogo deve parar ao oitavo toque. (Por causa das "extremidades ausentes" que mencionei, os números (3, 3) requerem oito toques. Todas as outras possibilidades requerem sete ou menos.)

O mesmo tipo de argumentação resolve o problema no caso de qualquer lista para dois jogadores, e nos permite até descobrir o número máximo de toques de sineta exigido. A prova para um número maior de jogadores é muito simples, mas matematicamente sofisticada. O artigo de Gale expõe todos os detalhes. Como um desafio, descubra o que acontece com três jogadores, todos com o número dois no chapéu, e a lista 6, 7, 8, tal como foi mencionado antes. Você deveria descobrir que nada acontece por 14 toques, e em seguida, ao 15º toque, todos os três jogadores anunciam seus números.

– 2 –
Teorias do dominó

Quando você quer fazer uma coisa e não consegue, por mais tentativas que faça, isso não prova que ela é impossível. Mostra apenas que você não sabe resolver o problema. Para provar que uma coisa é impossível, você teria de descartar todas as tentativas possíveis de solução. Para isso, uma boa maneira é encontrar um obstáculo que não possa ser evitado – um "invariante". Às vezes consegue-se encontrar um obstáculo desses introduzindo algumas cores e também contando.

Os negócios, informou o canteiro Rockchopper Rocknuttersson a seu aprendiz, andavam ruins.

– Não diga! – disse Pnerd.

– Mas preciso dizer, Pnerd. O presidente da Guilda dos Obelisqueiros tendia a tomar tudo ao pé da letra. – Se não recebermos uma encomenda sem demora, vou ter que pendurar o cinzel e pegar aquele emprego na pocilga que meu tio Hogthumper Hogtrottersson insiste em me oferecer.

Preguiçosamente, Pnerd tirou uma lasca de um dólmen em miniatura, para crianças, que estava fazendo.

– É a recessão, Rocky. Ninguém está comprando nada. O mercado de balizas está petrificado. E quanto a *cromlechs*... hoje em dia não se consegue vender um só menir. Ouvi Moloch Molochsson queixando-se um dia desses porque os dízimos baixaram de novo, e os sacerdotes mal conseguem comprar carneiros para aplacar M'gaskil, o deus da neve, antes que o inverno chegue.

Rocky coçou seu narigão, flexionando o enorme bíceps.

– Você comprou aquele exemplar do *Rolling Stone* que lhe pedi?

Pnerd deixou cair uma grande laje de calcário a seus pés. Rocknuttersson pegou-a e debruçou-se sobre as inscrições entalhadas.

– Talvez haja alguma coisa nos classificados. Hum... treinador-assistente de salamandra... o inspetor-chefe de animais peçonhentos de Atolândia aposentou-se... estão querendo sete virgens para propósitos não especificados, devem estar dispostas a viajar... Ah! Uma licitação. Pedem orçamentos para obras de conserto na praça do mercado de Charcópolis. Dê um pulo lá, Pnerd, e descubra que obras são essas, enquanto faço o acabamento destas clavas.

Dois dias depois Pnerd voltou.

– E então?

– A praça do mercado de Charcópolis é calçada com grandes lajes de pedra, Rocky. São 64 ao todo, cada uma com cerca de três metros quadrados, arranjadas numa grade de oito por oito. As pedras originais estão começando a rachar. Querem que o calçamento seja todo arrancado e reassentado.

– Que maravilha!

– Espere, há algumas condições. A principal é que, desta vez, não querem a pavimentação em quadrados. Os sacerdotes da vila acreditam que foi isso que fez as pedras racharem.

– Tolice! Esses sacerdotes não mudam, estão sempre preocupados com formas e números, essas sutilezas intelectuais inúteis da numerosofia... Sei exatamente o que aconteceu. Quando Chalkhacker Chalkwhackersson assentou aquelas lajes, usou pedras de qualidade inferior, e a geada penetrou nelas.

– Os sacerdotes dizem que elas racharam porque o quadrado é o símbolo de Frozo, o demônio do congelamento.

Rocky levantou os olhos, surpreso.

– É mesmo? Eu pensava que era o signo de Gnashfang, o ogro da caverna.

– E é – admitiu Pnerd. – Mas não há muitos símbolos dando sopa por aí, você sabe. O quadrado é um bocado apreciado. Gnashfang o compartilha com Frozo. Tem direito a usá-lo em dias úteis alternados.

– Oh – e Rocky parou um pouco para pensar. – Nesse caso, talvez os sacerdotes estejam com a razão.

– É, se a geada tiver caído numa terça-feira... Mas com razão ou sem razão, com sacerdotes não se discute. Pelo menos quando a gente quer conservar os rins. Nada de quadrados. Eles querem dominós.

Rocknuttersson o olhou como se olharia uma coisa viscosa que saísse deslizando de baixo de uma pedra.

– Pnerd, que diabo é um dominó?

– Dois quadrados unidos, Rocky.

– Então por que não dizer isso? Por que usar um nome bobo como "dominó"?

– Sei lá eu – disse Pnerd, enquanto se esquivava do chute que Rocky tentou lhe dar. De repente seu semblante ficou consternado. – Talvez haja um problema, Rocky. Pode ser que os dominós não se encaixem.

– Mas é claro que se encaixam! A única coisa que temos a fazer é assentar um dominó onde antes havia dois quadrados.

Pnerd franziu as sobrancelhas.

– Certo, mas isso só funciona se o número total de quadrados for par. Cada dominó cobre *dois* quadrados. Se o número total for ímpar, vai sobrar um quadrado no fim.

Rocky deu um suspiro.

– Pnerd, você disse que eram 64 quadrados! Isso *é* par!

– Tem certeza?

– Se as pedras tiverem sido assentadas na horizontal, não há erro.

– Ah, certo. Acho que eu devia ter mencionado as estátuas de Gog e Magog.

Rocknuttersson levantou-se num pulo, furioso.

– Estátuas? *Que* estátuas?

– As que esqueci de mencionar. Parece que, quando a primeira laje rachou, os sacerdotes tentaram disfarçar instalando uma estátua de Gog no lugar. Pouco depois, outra laje rachou, e eles cobriram o estrago com uma estátua de Magog, fazendo um par. As duas têm bases exatamente do mesmo tamanho e forma que as lajes quadradas. Assim, não são mais 64 e quatro quadrados, são... hum...

– Sessenta e dois.

– É... é isso. Hum... *Isso* é um número par?

Rocky começou a contar nos dedos, mas constatou que não tinha dedos que chegassem.

– Para falar francamente, Pnerd, não tenho a menor ideia.

– Bem, o melhor que você tem a fazer é tirar isso a limpo antes de entalharmos nossas assinaturas em qualquer documento legal que possa nos comprometer, Rocky. Há multas previstas.

Pnerd esperou 20 minutos, enquanto Rocknuttersson amaldiçoava o filho de um cão que havia inventado multas em contratos firmados com o governo local, tempo em que aprendeu 73 novos palavrões.

– Dez anos nas minas de enxofre se as novas lajes não se encaixarem – ele acrescentou, à guisa de explicação. E voltou a praguejar. Finalmente, Rocknuttersson fez uma pausa para tomar fôlego, e Pnerd não perdeu a oportunidade.

– Rocky, não podemos resolver isso sozinhos. Precisamos de um especialista.

– Tem alguém em mente?

– Snitchswisher!

– Saúde! Que Deus o proteja dos demônios.

– Não, eu não espirrei, seu idiota. Snitchswisher Wishsnitchersdorter!

– Está vendo, espirrou de nov... ah, ela! Aquela sua amiga numerosofista que mora no Brejo do Gato Morto.

Pnerd fez que sim.

– Bem pensado, aprendiz. Sem sombra de dúvida precisamos de um especialista. Não temos pleno domínio dessas questões.

Encontraram Snitchswisher Wishsnitchersdorter costurando novos rabos de toupeira na sua túnica, para enfeitá-la. Depois que Rocky lhe explicou o problema, a moça deu uma risada sardônica.

– Fizeram bem em me procurar. Há aspectos da matéria que não seriam óbvios para leigos, e vocês poderiam se meter numa grande enrascada. Para começar, embora 62 seja de fato um número par... – ela fez uma pausa enquanto Rocky e Pnerd discutiam quem havia sido dessa opinião primeiro e quem afirmara o contrário... – Não basta que o número de quadrados seja par.

– Não basta?

– Não. Há uma questão mais sutil de paridade. É um velho enigma numerosófico. Por exemplo, suponha que dois cantos externos do quadrado sejam removidos (Figura 2.1a). Será possível cobrir os 62 quadrados restantes com dominós?

– Deveria ser – disse Pnert. – Há lugar de sobra para se tentar diferentes arranjos, e não pode sobrar um quadrado.

– É verdade. Mas pode ser que sobrem dois.

Snitchswisher vasculhou um canto da cabana e encontrou um tabuleiro marcado com uma grade de 64 quadrados e uma caixa com retângulos de madeira, cada um com a largura exata para cobrir dois quadrados adjacentes no tabuleiro. Pôs um seixo nos dois cantos opostos.

– Tente.

Pnerd começou a brincar com os retângulos no tabuleiro. Rocknuttersson achegou-se a Snitchswisher e perguntou para que serviam aquele tabuleiro e as peças de madeira.

– Foi uma ideia que tive para um jogo – ela respondeu. – O tabuleiro representa um rio. Você tem que usar as peças de madeira para construir uma espécie de arco sobre ele, sem deixar o arco desabar. Eu ia chamar o jogo de ponte.

– Isso nunca vai colar, não com um nome desse – observou Rocky.

Pnerd deu um soco na mesa, frustrado.

– Não dá certo! Tentei dezenas de vezes, mas não dá certo!

Snitchswisher Wishsnitchersdorter sorriu.

– E nunca dará, Pnerd. Deixe-me chamar a sua atenção para as cores diferentes dos quadrados (Figura 2.1b).

– É um bonito padrão.

– É mesmo, vou chamá-lo de xadrez.

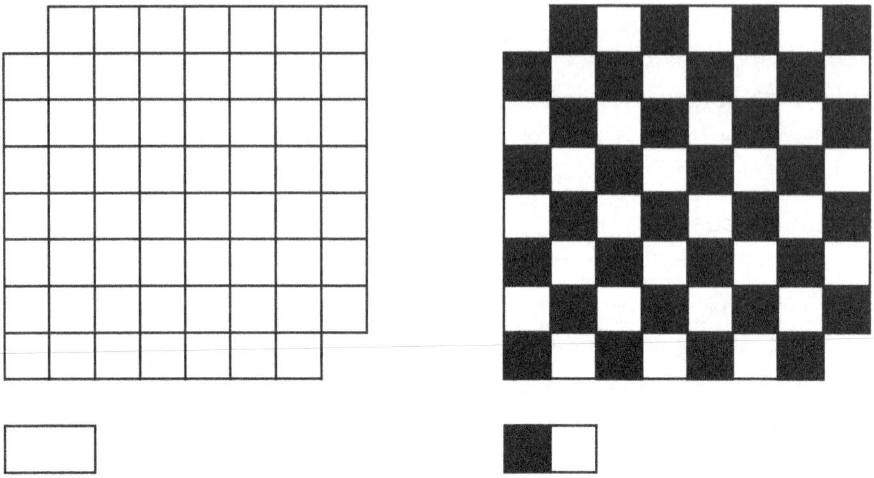

(a) (b)

Figura 2.1

(a) Uma grade 8 x 8 com cantos opostos removidos. É possível cobri-la com 31 dominós?

(b) Se colorirmos a grade como um tabuleiro de xadrez, haverá 32 quadrados pretos e 30 brancos. Mas cada dominó deve cobrir um quadrado de cada cor. Portanto, dois quadrados pretos ficarão descobertos.

– Por quê?

– Porque lembra a janelinha gradeada de um xadrez. Pintei os quadrados pretos com carvão e os brancos com extrato de araruta embebido em beladona mortífera.

– Por que não usar giz?

– Ideia brilhante, Pnerd! Nunca me ocorreu que se podia escrever com giz. Imagine só, escrever com uma pedra, em vez de usar um graveto queimado! Seja como for, se você pretende pôr um dominó no tabuleiro, verá que ele sempre cobrirá um quadrado preto e um branco. Porque não há dois quadrados pretos, nem dois quadrados brancos, adjacentes. Quantos quadrados brancos há no tabuleiro, Pnerd... sem contar os dois cantos?

Pnerd contou laboriosamente.

– Trinta.

– Certo. E quantos pretos?

– Hum... Trinta e dois.

– Exatamente. Como cada dominó cobre um de cada um, pelo menos dois quadros pretos ficarão fatalmente descobertos. Você está certo ao dizer que não sobrará um quadrado. Mas isso não exclui a possibilidade de sobrarem *dois*! É um princípio geral de paridade para dominós: além do número total de quadrados par, você precisa também ter um número igual de quadrados pretos e brancos.

– Isso é absolutamente brilhante, Snitchswisher – declarou Rocknuttersson –, só que os quadrados no mercado de Charcópolis *são todos da mesma cor*. E olhando-a de cima com extremo desdém, acrescentou: – Uma teórica típica, sem nenhum senso prático.

– Mas –, contestou Snitchswisher –, é sempre possível *imaginar* que os quadrados são coloridos, e, assim, a mesma argumentação se aplica.

Após refletir sobre isso durante alguns minutos, Rocknuttersson ficou roxo de vergonha. Para disfarçar seu embaraço, mandou Pnerd voltar a Charcópolis para verificar se as estátuas de Gog e Magog haviam sido postas em quadrados que – se imaginássemos que a praça do mercado era colorida num xadrez preto e branco – tinham a mesma cor.

Passaram-se mais dois dias, tempo em que Rocky ajudou Snitchswisher Wishsnitchersdorter a fazer sopa de urtiga-do-pântano suficiente para sustentar a ela e ao pai idoso durante o inverno que se aproximava. Então Pnerd reapareceu:

– Foi uma amolação. Compus um poema pelo caminho para me distrair, Snitchswisher. Gostaria de ouvi-lo? É sobre uma criatura assustadiça da floresta.

– Vá em frente.

Pnerd respirou fundo e estufou o peito magricela.

– Coelhinho, coelhinho, que corre pela mata a noite inteira! Trate de fugir depressa...

– Ou acaba na frigideira – completou Rocky. – Chega de perder tempo, Pnerd, e conte onde ficam as estátuas.

– O negócio está no papo, Rocky! Uma estátua fica num quadrado branco e outra num preto!

– Qual delas?

– Como assim?

– Gog está no preto ou no branco?

– Poupe-me, Rocky...

– Mas isso poderia ser importante, Pnerd. Os sacerdotes de Gog usam mantos brancos, e os de Magog...

– Ah, pense bem Rocky, as cores eram só imaginárias. Posso invertê-las a qualquer instante...

Rocky sacudiu a cabeça de repente.

– Não é assim tão fácil, Pnerd. Acabei de me lembrar que os sacerdotes de Magog usam chapéus pretos, e os de Gog...

– Haja paciência! – gritou Snitchswisher. – Que *importância* tem isso?

Ela agarrou Pnerd pelo ombro.

– Por acaso você se lembra de onde exatamente estavam as duas estátuas?

– Não faço a menor ideia.

– Que azar!

– Isso tem *importância*? – perguntou Rocky.

– Não tenho certeza. Talvez tenha. Será que deveríamos mandar Pnerd de volta a... Não, isso levaria dias.

– *Dois* dias – disse Pnerd. – De todo modo estou farto de me esfalfar nesse vaivém.

Snitchswisher ficou pensativa.

– Sabe, talvez isso não tenha importância – disse. – Mas, para ter certeza de que não tem, seria preciso tentar um número fabuloso de possibilidades. Acho que está na hora de consultarmos o meu pai.

– O pai dela é um taumaturgo – Pnerd lembrou a Rocky. – Entra em contato com espíritos, esse tipo de coisa.

Rocky mostrou-se cético, talvez porque acabasse no prejuízo sempre que a taumaturgia entrava em cena, mas Snitchswisher saiu pelo charco afora para buscar o pai. Logo voltou com o ancião que respondia pelo nome de Wishsnitcher Dishpitchersson. Devidamente contemplado com uma moeda de prata da bolsa de Rocknuttersson, ele puxou umas cartas de tarô do manto e começou uma adivinhação.

– Embaixo... a Lua. Em cima... a Vaca Saltitante. A oeste e a leste...

– O Gato e a Rabeca – sugeriu Rocky.

– Isso mesmo, mas o Gato está invertido, o que significa embriaguez... Embaixo, o Cão de Caça Sorridente...

– O que significa que todo este procedimento é uma farsa...

– O que significa alegria. Mais cartas... o Prato, a Colher...

– A Faca e o Garfo.

– Não... o dois de Garfos –, e o velho sacudiu a cabeça. – O que é estranho, porque não há garfos neste baralho... Ah! Um nome... Um espírito que vem do futuro... um acólito do "Big Blue", seja o que esse ser místico possa ser... Al... Al...

– Isso é o cão de caça. Eles sempre fazem "Au! Au!" Mas chama-se isso de "latir", não de "sorrir".

– Não, é um nome... Au... Ah... Grimoire? Grimory? Não. Al Gomory, um futuro numerosofista de grande inventividade... Um garfo de três dentes e um garfo de quatro dentes, um signo de enorme poder e beleza. Rápido, o carvão!

O velho traçou linhas rápidas no tabuleiro (Figura 2.2). Em seguida começou a emergir lentamente do transe.

A contragosto, Rocknuttersson entregou ao velho mais uma moeda de prata.

– Acho que seu pai está precisando pedras para um altar, Snitchswisher.

Ela deu de ombros e estudou as linhas de carvão.

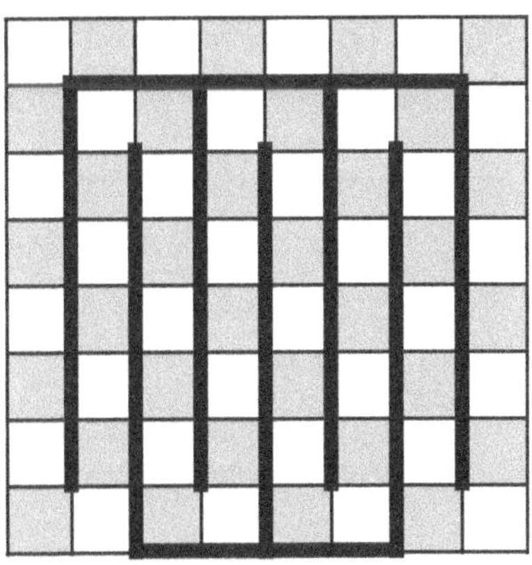

Figura 2.2
O signo de Gomory cria uma cadeia que pode ser preenchida por dominós consecutivos.

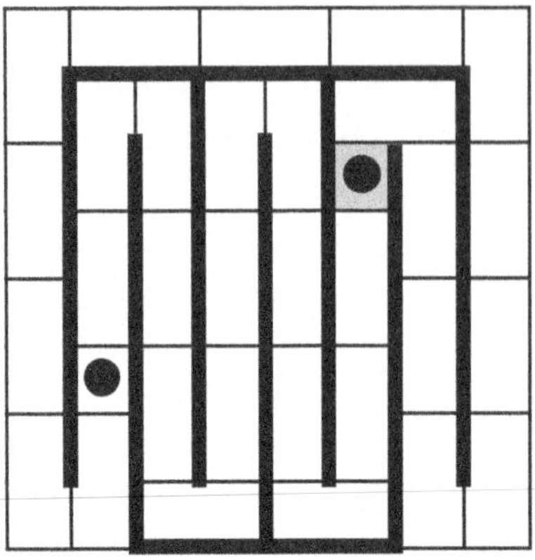

Figura 2.3
Como cobrir o tabuleiro com dominós se os dois quadrados omitidos forem de cores diferentes.

– Não tenho tanta certeza, Rockchopper Rocknuttersson. Imagine que os dois garfos sejam muros. Nesse caso, uma linha de dominós pode ser posta entre os dentes, num circuito contínuo. Se dois quadrados estão ocupados por estátuas, a volta é cortada em duas seções. Talvez em apenas uma, se os quadrados forem adjacentes. Se as estátuas estiverem em quadrados de cores diferentes, cada seção conterá um número par de quadrados, de modo que a cadeia de dominós pode enchê-la completamente. O diagrama representa uma prova de que não importa quais são os quadrados ocupados por estátuas. Contanto que sejam de cores diferentes, o restante pode ser coberto por dominós. Na verdade, trata-se de uma prova construtiva, que mostra exatamente como conseguir esse resultado em qualquer caso dado (Figura 2.3).

Rocky ficou impressionado.

– Snitchswisher, peço desculpas a seu pai por meu ceticismo. Ele revelou uma verdade notável.

O velho resmungou qualquer coisa sobre "palavras", "o vento" e "leva", e Rocky lhe deu mais uma moeda de prata para evitar outros embaraços.

– Pnerd! Traga meu cinzel de inscrever e a melhor laje portátil! Vamos intitular o documento ORÇAMENTO PARA AS OBRAS DE RENOVAÇÃO DA PRAÇA DO MERCADO DE CHARCÓPOLIS, RESTAURADORES DE ROCHAS ROCKCHOPPER ROCKNUTTERSSON, LAMAÇAL SOTURNO.

– Perfeito – disse Pnerd. – Eu comentei com vocês sobre as duas novas estátuas, não foi?

Rocky fitou-o, perplexo:

– Duas... novas...

– Demagog e Psicagog. Os sacerdotes resolveram encobrir outras rachaduras.

– Oh meu Gog – disse Rocky.

– Elas *estão* em quadrados de cores diferentes – exclamou Pnerd, pressuroso. – Duas estátuas em quadrados pretos, duas em brancos.

– Você não se lembra por acaso exatamente on... Não, claro que não se lembra. Snitchswisher, você sabe se o signo de Gomory funciona quando faltam quatro quadrados, dois de cada cor?

Snitchswisher Wishsnitchersdorter franziu o cenho.

– Funciona, desde que, quando passarmos pelo circuito de dominós, a ordem em que os quadrados aparecem for alternadamente preto e branco – disse. – Mas se um quadrado preto for seguido por outro preto, o número de quadrados intervenientes será ímpar, e a prova desmorona.

– E isso poderia acontecer?

– Não vejo por que não. É tudo muito complicado.

– Nisso você tem toda razão.

Fez-se uma longa pausa. Quando Rocky ia dizer uma coisa, foi interrompido.

– Espere, fique quieto! Estou tendo uma ideia... Sim, é claro. Temos de cortar o tabuleiro em dois pedaços, de modo que em cada um falte apenas um quadrado de cada cor. Precisamos fazer isso para que cada peça possa ser coberta por um circuito contínuo de dominós, como o signo de Gomory, mas a forma pode ser qualquer uma. Depois usamos a mesma argumentação para provar que cada pedaço pode ser coberto.

– É possível fazer peças assim, que comportem o signo?

Ela pensou um momento.

– Muitas. Vou desenhar algumas (Figura 2.4). Hummm... Não tenho tempo para descer a todos os detalhes. Mas tenho certeza de que vocês podem demonstrar que o tabuleiro só não pode ser dividido assim em duas únicas ocasiões: quando os dois quadrados pretos omitidos, ou os dois brancos, estiverem no mesmo canto (Figura 2.5). Num dos arranjos, é óbvio que o quadrado do canto fica isolado de todos os outros, e

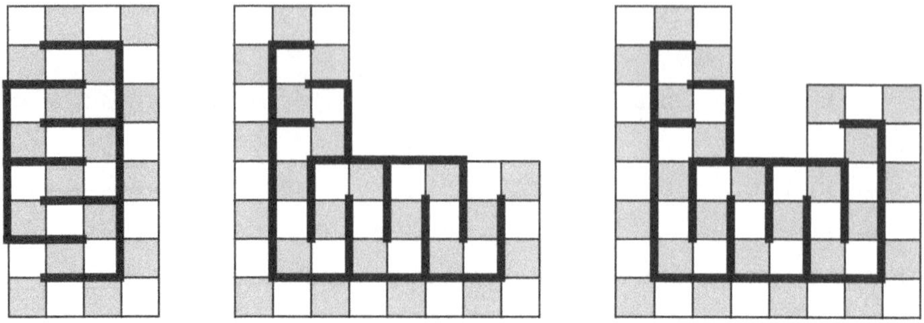

Figura 2.4
Algumas regiões que comportam o signo.

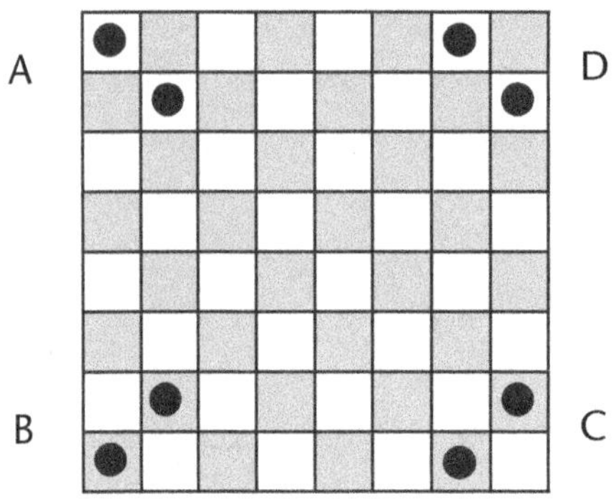

Figura 2.5
Quatro arranjos problemáticos nos cantos. C e D bloqueiam a colocação de um dominó para cobrir o quadrado do canto, mas A e B são inofensivos.

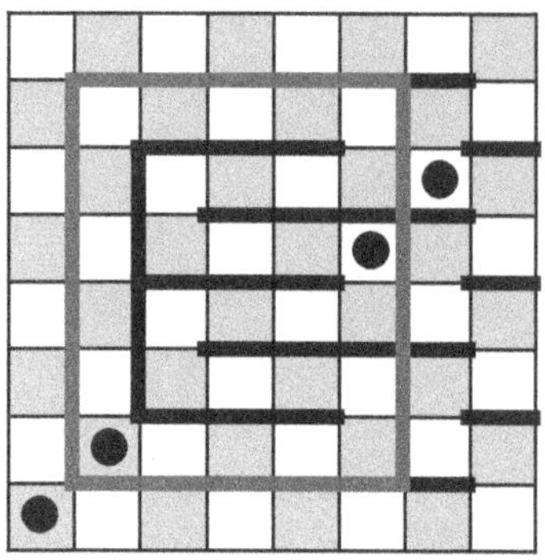

Figura 2.6
Exemplo de como tratar o caso A da Figura 6. Em cada região que comporta o signo falta precisamente um quadrado de cada cor.

não há solução possível. No outro caso, o tabuleiro pode novamente ser dividido em duas regiões, cada uma contendo apenas um quadrado omitido de cada cor, e cada um possuindo um signo de Gomory próprio (Figura 2.6). Será preciso haver um buraco numa região, mas isso não altera o argumento. Acredito que uma análise cuidadosa mostrará que é sempre possível cobrir o tabuleiro com dominós, a não ser quando ocorre nos cantos uma configuração como na Figura 2.5, para uma cor ou outra – e ela encolheu os ombros. – É verdade que não é uma prova tão elegante quanto a de Gomory. Talvez algum futuro numerosofista possa fazer melhor.

– De todo modo – disse Rocky –, parece bem provável que consigamos esse contrato.

Levantou-se de um salto.

– O que precisamos agora é que alguém vá verificar se as estátuas não isolaram um dos quadrados dos cantos. Por segurança, Pnerd, desta vez é melhor você fazer também um mapa das posições das estátuas, para sabermos exatamente o que vamos enfrentar. Depois poderemos usar as peças de madeira de Snitchswisher para encontrar uma solução *antes* de fazermos nossa proposta de orçamento.

Pnerd soltou um gemido.

– Por que eu? Já fui lá duas vezes, e são dois dias de caminhada...

– *Você*, Pnerd, é o aprendiz. *Eu* sou o Presidente da Guilda dos Obelisqueiros.

– Nesse caso, o melhor é pôr o pé na estrada agora mesmo.

Passou a mão em algumas tiras de bode confeitado para comer na viagem e se dirigiu para a porta.

– Ah, Pnerd?

– Que é, Rocky?

– Seria ótimo se você pudesse estar de volta antes que os sacerdotes instalem mais *alguma* estátua.

- 3 -
A arte de virar a mesa

Quando é preciso mudar os móveis de lugar, mas o espaço é limitado, a ordem em que fazemos os deslocamentos pode ser a grande diferença. Mas como descobrir a ordem e os movimentos certos? Quando precisamos nos orientar numa cidade ou num labirinto, um mapa ajuda. É de um mapa do quebra-cabeça que precisamos – um mapa conceitual de um labirinto lógico.

No 77º andar da Torre Trunfo, dois empregados da Companhia Lusitana de Transportes lutavam com a última das nove mesas de carvalho maciço que tiveram de carregar, uma a uma, pelas escadas estreitas e tortuosas do edifício, em geral destinadas a funcionar apenas como saídas de emergência em caso de incêndio. Teriam usado o elevador, mas Donaldo Trunfo, o dono das Torres Trunfo, receou que as mesas fossem pesadas demais para os cabos de suspensão.

Quando empurravam a derradeira mesa para dentro do depósito, onde se juntaria às outras oito, clique, a porta trancou atrás deles.

– Pronto –, disse Manuel, ofegante. – Agora, fazer uma verificação final e depois comprar o almoço no Paraíso das Pizzas. Duas mesas quadradas enormes, seis mesas retangulares descomunais, e uma megamesa das maiores.

– Confere – disse Joaquim, ticando os itens numa prancheta imunda. – Uma de um por um, seis de dois por um e uma de dois por dois.

A caneta corria sobre o papel. Ele levantou os olhos.

– Opa, isso aqui está um pouquinho apinhado.

– Inteiramente lotado. Mesas de parede a parede, só sobra o lugar em que pisamos.

– Ainda bem que conseguimos enfiar todas aqui. Para que será que querem tantas mesas?

– Acho que usam essa sala só como um depósito temporário até a reforma do salão de baile, no térreo, ficar pronta. Dizem que Rasputina Trunfo falou a Donaldo que realmente preferia verde-limão a azul turque...

Manuel soltou um rosnado.

– Você está insinuando que carregamos isso até aqui em cima e vão querer tudo de volta lá embaixo?

– Exatamente. Na semana que vem. É trabalho, Manuel, não reclame. Enfrente a coisa como um desafio, uma prova de vigor mental e força física. Eu não resisto a um desafio, e você?

– Tenho vigor mental e força física o bastante para resistir a *qualquer* desafio, muito obrigado. Acho que vou procurar um emprego de cavador de esgotos, pelo menos fica mais perto do chão.

– Por falar nisso, o Paraíso das Pizzas também.

– É isso, vamos embora... Quê? Não acredito!

– Não acredita em quê?

– Parece que a porta trancou atrás de nós.

Manuel ficou lívido. Fez um esforço para recobrar as faculdades mentais.

– Não há motivo para pânico, deve ter um telefone de emergência por aí em algum lugar.

– Eu sei –, disse Joaquim. – Está ali, atrás daquela portinhola na parede com os dizeres "Telefone de emergência".

– Ótimo.

– Que está bloqueada por aquela mesa de carvalho maciço.

– Não tão bom assim. Vamos ter de removê-la.

– O espaço está bastante atravancado –, observou Joaquim. – Não vai ser fácil.

– Não poderíamos pôr uma em cima da outra, de algum jeito, liberar um pouco de espaço?

– Nem pensar. O teto é baixo demais.

Depois de meia hora de esforços inúteis, resolveram se dar uma trégua.

– Manuel, temos de pensar num jeito para a situação antes que nossas energias se esgotem. Acho que poderíamos sair dessa se pelo menos conseguíssemos remover a mesa gigante para aquele canto ali (Figura 3.1). Podemos empurrar as mesas para o espaço que sobra, uma a uma, e assim criar novos espaços para onde poderíamos empurrar as outras mesas.

– Não vamos ficar encurralados?

– Não, podemos engatinhar por baixo –, disse Joaquim.

Manuel parou para espiar debaixo de uma mesa.

– Tem razão, há bastante espaço – coçou a cabeça, pensando. – Sabe – disse ele –, tive um brinquedo quando era menino. Chamava-se Quebra-Cabeça do Papai. A gente tinha de deslizar blocos retangulares e quadrados aqui e ali, para o papai poder mudar o piano de lugar. Era muito parecido com isto aqui.

Fez uma pausa.

– Para dizer a verdade, era assustadoramente parecido. Seja como for, levei algum tempo, mas acabei aprendendo a resolver aquele quebra-cabeça.

– Excelente! Consegue se lembrar como?

– Bom, a gente vai deslizando os blocos aqui e ali até levá-los para onde quer.

Joaquim fez uma careta.

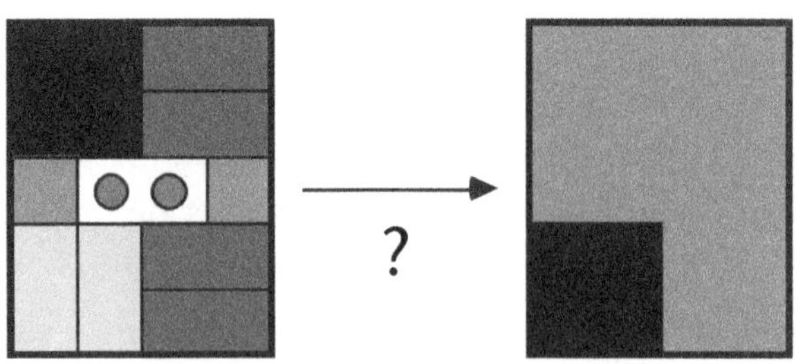

Figura 3.1
Você consegue arrastar as mesas até deslocar o grande quadrado preto para o canto esquerdo inferior? Manuel e Joaquim, indicados por dois círculos, estão de pé no único espaço livre.

– Acho que precisamos de alguma coisa um pouquinho mais específica, Manuel.

Manuel deu de ombros. Não era sua culpa se não conseguia se lembrar da solução de um quebra-cabeça que ganhara ao completar seis anos.

– Ainda sei recitar "Ai que saudades que eu tenho da aurora da minha vida" de fio a pavio –, disse, como prova insofismável de que possuía uma poderosíssima memória.

– Sei. "Da minha infância querida que os anos não trazem mais". Muito agradecido, Manuel.

– Não adianta chorar. Vamos remover algumas mesas e ver se isso nos leva a algum lugar.

Outra meia hora se passou, ao fim da qual eles haviam conseguido remover a mesa gigante do canto superior esquerdo para o meio da parede direita (Figura 3.2). Era algum progresso, mas, como bem observou Manuel, em que sentido?

– Estamos precisando é de um mapa – disse Joaquim, pensativo.

– Mas Joaquim, podemos *ver* perfeitamente onde todas as mesas estão.

– Não falo de um mapa da *sala*.

– Do quê, então?

– Estou pensando é num mapa do *quebra-cabeça*.

Manuel olhou-o, espantado.

– Está ficando maluco? Quebra-cabeças não têm mapas.

– Detesto contradizê-lo, meu velho. Aliás, pensando bem, gosto muito de contradizê-lo. Mas seja como for, quebra-cabeças têm mapas, sim senhor. Mapas conceituais. Mapas imaginários no cérebro. Mapas que nos dizem quais são todas as posições no quebra-cabeça e como passar de uma para outra. Labirintos mentais que nos dizem que movimentos fazer, e em que ordem.

Manuel sacudiu a cabeça, assentindo.

– Claro. Só que... vai ser um mapa bastante complicado, Joaquim. Há um número colossal de posições e um número colossal de movimentos.

– É verdade. Então o melhor a fazer é descobrir alguma maneira de reduzir os movimentos. Desmontar o problema em peças mais simples.

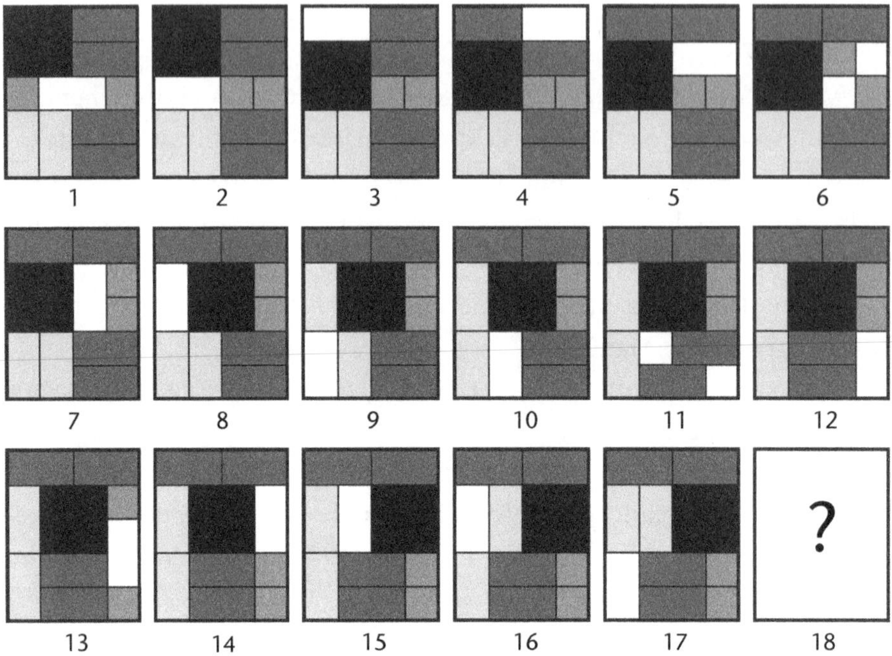

Figura 3.2
Uma sequência possível de movimentos. Há um longo caminho a percorrer.

Ei! É isso. Para início de conversa, vamos ver o que podemos fazer *facilmente*. Depois podemos tentar, por assim dizer, concatenar isso tudo.

– Bom, para começar, se temos um buraco quadrado onde só estão as duas mesas menores, podemos mover essas mesas de um lugar para outro sem grande dificuldade – disse Manuel (Figura 3.3a).

– Certo, é por aí. Uma espécie de "subquebra-cabeça" em que movemos só um pequeno número de peças, dentro de alguns limites definidos. (As posições 5, 6 e 7 da Figura 3.2 são exatamente subquebra-cabeças desse tipo.) De repente ele parou, pensando. "Hum. Aqui está mais um, um pouquinho mais complicado: nele temos uma região retangular, contendo duas mesas retangulares e duas quadradas, e o resto espaço livre" (Figura 3.3b).

– Portanto poderíamos supor que posições que diferem uma da outra pelo arrastamento de mesas de cá para lá dentro de um desses subquebra-

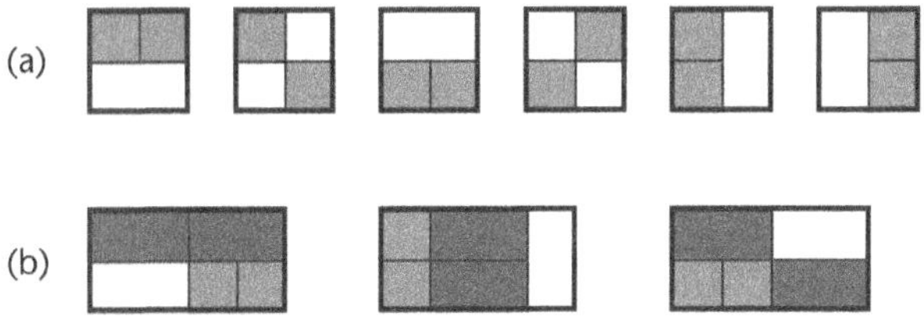

Figura 3.3
Algumas manobras úteis. Em cada subquebra-cabeça, podem-se rearranjar as mesas facilmente sem sair dos limites marcados.

cabeças são na verdade a mesma coisa – disse Manuel. – Isso deve encurtar um pouco a lista de posições.

– É verdade. E tem mais. Às vezes só há um modo sensato de continuar movendo as mesas, se não quisermos simplesmente desmanchar o que já fizemos. (As posições 3, 4 e 5 na Figura 3.2, ou a sequência mais longa 7-17 são exemplos disso.)

– Sendo assim, contanto que saibamos onde começamos e onde estamos querendo chegar, sequências desse tipo podem ser excluídas do mapa?

– Precisamente. Passe-me a prancheta e a caneta.

Pouco tempo depois, Manuel e Joaquim contemplavam um mapa de parte do labirinto mental de posições e movimentos possíveis (Figura 3.4).

– Marquei as posições de saída e chegada – disse Joaquim. – Depois há várias maneiras de posicionar mesas-chave, que chamamos de A, B, C, D, E e F.

– Eu tinha a impressão de que haveria mais de seis dessas mesas.

– E há. Isto aqui é só *parte* do mapa. Porém é mais que suficiente para resolver o quebra-cabeça. Agora cale o bico e ouça. As linhas mostram sequências de movimentos obrigatórios, no sentido de que, se soubermos onde começar e onde acabar, os movimentos intermediários são bastante óbvios, porque no todo só se pode fazer uma escolha a cada passo, certo?

– Entendo. Depois que a gente brinca durante algum tempo com um quebra-cabeça, não pode deixar de notar esse tipo de coisa.

– É isso. Agora, sombreei regiões retangulares em que há um subquebra-cabeça a resolver. Para mostrar *qual* subquebra-cabeça, desenhei quadrinhos das posições de saída e chegada dentro do retângulo, nas extremidades apropriadas das linhas de conexão.

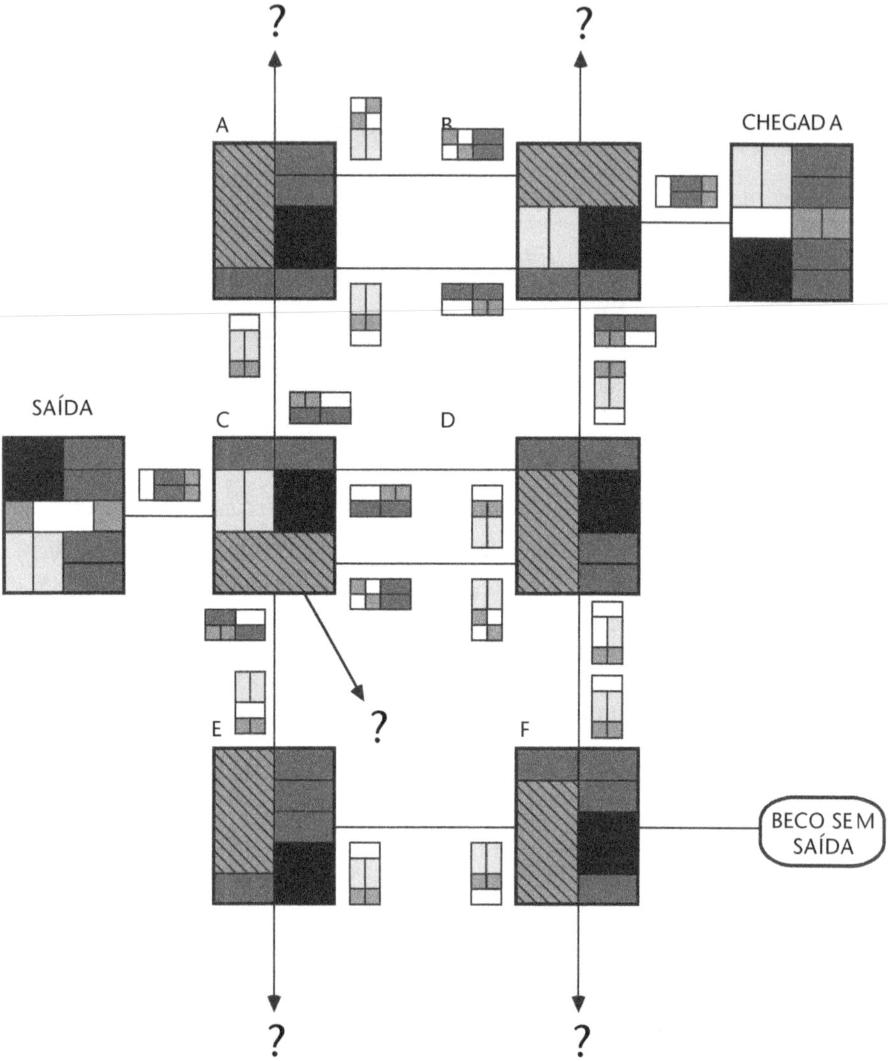

Figura 3.4
Mapa parcial do quebra-cabeça. Os diagramas grandes mostram a posição de mesas-chave. As regiões hachuradas representam subquebra-cabeças a serem resolvidos com as úteis manobras da Figura 3.3a e b. As linhas indicam sequências de movimentos, em alguns casos bastante longas, que você é praticamente – obrigado – a fazer se souber para onde quer ir. Por exemplo, a linha que vai de SAÍDA a C representa a sequência de 17 movimentos mostrados na Figura 3.2. Os diagramas pequenos mostram como os subquebra-cabeças devem ser arranjados no início e no fim dessas sequências. Quando este mapa é usado como guia, a solução do quebra-cabeça torna-se relativamente fácil.

Manuel abriu a boca como um peixinho de aquário.

– Desculpe, acho que não estou entendendo mais nada.

– Bem, suponha que você quer descobrir como passar de C para E. Olhe para a linha vertical que os une. Ao lado dela há dois pequenos diagramas. Se você substituir a área hachurada em C pelo diagrama superior, e a área hachurada em E pelo diagrama inferior, isso lhe dará as posições de saída e chegada. Como os movimentos intermediários são "obrigatórios", não se leva muito tempo para descobri-los. Se você fizer uma cópia do quebra-cabeça com pedaços de cartolina, poderá movê-los e verificar isso.

– Que significa BECO SEM SAÍDA?

– O que você *acha*? E agora, o que o mapa nos diz?

– Como as coisas estão e como passar de uma situação para outra. Bom, dá pistas para fazer isso.

– Ele diz mais que isso. Diz que uma maneira de resolver o quebra-cabeça é seguir a rota SAÍDA-C-A-B-CHEGADA. Basta usar os pequenos diagramas ao lado das linhas apropriadas para preencher os pedaços hachurados dos diagramas grandes, depois seguir as sequências obrigatórias de movimentos.

O rosto de Manuel iluminou-se de admiração.

– Então poderíamos tomar igualmente a rota SAÍDA-C-D-B-CHEGADA?

– Sem dúvida. Ou até SAÍDA-C-E-F-D-B-CHEGADA, mas essa seria uma rota desnecessariamente complicada.

Manuel estava começando a sacar a história.

– Ou SAÍDA-C-D-F-E-C-D-B-A-B-D-C-E...

Joaquim interrompeu o amigo antes que ele desfalecesse por falta de ar.

– É... Mas essa seria uma rota ainda *mais* desnecessariamente complicada.

– Eu me contento com a mais simples.

– Para mim está bem. Mãos à obra.

Os dois levaram algum tempo para pegar o jeito, mas depois não demoraram muito para remover a mesa gigantesca até o canto esquerdo inferior da sala. Em seguida, Joaquim conseguiu passar a mão no telefone de emergência e chamar o porteiro no saguão. Quando o socorro chegou, descobriu-se que o novo arranjo das mesas bloqueava a porta, que não podia ser aberta, mas nessa altura Manuel e Joaquim eram capazes de se movimentar no mapa do Quebra-Cabeça do Papai de olhos fechados.

Não passava muito da meia-noite quando foram libertados.

Um tanto abalados pela experiência, chamaram um táxi e rumaram para o Paraíso das Pizzas, que funcionava 24 horas. O plano era primeiro pôr o almoço em dia e em seguida jantar.

– Sabe do que mais? – perguntou Manuel – não foi tão difícil assim.

– Não, depois que conseguimos traçar aquele mapa. Mas tivemos sorte, foi um mapa bastante simples.

– É verdade. Mas isso porque você usou alguns truques para simplificá-lo.

Joaquim esfregou o queixo, a barba por fazer, que lhe espetou a mão.

– Os truques ajudam, mas muitos quebra-cabeças de deslizamento de blocos têm mapas bem mais complicados, mesmo que se recorra a todos os truques imagináveis.

– Por exemplo?

– Bem, existe um, chamado "quebra-cabeça do burro", que parece ter sido inventado no século XIX e quase certamente é francês. É bem mais difícil. O "quebra-cabeça do século", inventado por volta de 1980, é mais ainda. É preciso fazer cem movimentos para resolvê-lo. E se você insistir em que a posição de chegada deve ser igual à de saída, mas de cabeça para baixo, as coisas ficam *realmente* complicadas. Essa versão é chamada o "quebra-cabeça do século e meio" porque exige 151 movimentos (Figura 3.5).

O táxi parou cantando pneu diante do Paraíso das Pizzas. Manuel pagou ao motorista. Os dois entraram e se sentaram. Joaquim pediu uma pizza grossa com uma porção dupla de queijo. Manuel pediu uma especial com toda sorte de coberturas extras: *pepperoni*, atum, alcaparras, anchovas, tomates secos, abacaxi, mussarela de búfala, uma banana inteira, goma de mascar, alcaçuz e uma estrelinha acesa.

– É a minha predileta – explicou a uma garçonete aturdida. – E preste atenção: monte a minha de baixo para cima na ordem que eu especifiquei.

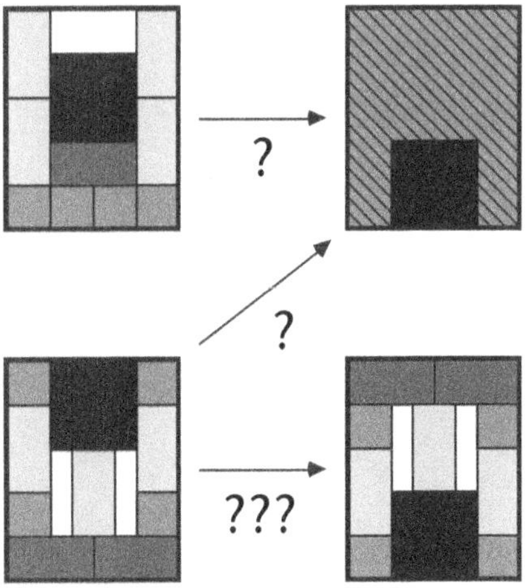

Figura 3.5
Três quebra-cabeças de deslizamento de blocos mais difíceis. Qualquer arranjo de blocos é permitido na região hachurada.

Seta superior: o quebra-cabeça do burro.

Seta do meio: o quebra-cabeça do século.

Seta inferior: o quebra-cabeça do século e meio.

As pizzas chegaram. A de Manuel não tinha um aspecto lá muito bom. A maior parte dos ingredientes estava fora de ordem, inclusive a massa. A garçonete incluíra um atum inteiro e tentara acender a estrelinha.

– Divirta-se com seu quebra-cabeça, senhor – exclamou ela por cima do ombro.

– Devolva isso – sugeriu Joaquim.

– Não, não, você não ouviu o que ela disse? Não consigo resistir a um desafio, é um teste de caráter. Esta pizza só precisa ser rearranjada.

Manuel pegou o atum, tentou achar um lugar para pô-lo enquanto soprava a estrelinha. Onde fora parar o *pepperoni*?

– Ah, cá está ele, dentro do abacaxi. Se pelo menos esse prato fosse um pouquinho maior...

Suspirou, pôs o atum de volta no prato, e por pouco não chamou o gerente para reclamar que a pizza estava difícil demais para ser resolvida.

Em seguida empertigou-se, endireitou os ombros e estendeu a mão para pegar a prancheta.

– Que é que você está fazendo? – perguntou Joaquim.

– Posso resolver isto aqui. Espere só eu fazer um mapa desta pizza.

- 4 -
O princípio antropomúrphico

A Lei de Murphy diz que se uma coisa puder dar errado, dará. E se uma coisa não puder dar errado de maneira alguma, dará errado assim mesmo. Por exemplo, quando uma torrada com manteiga cai da mesa, sempre bate no chão com o lado da manteiga virado para baixo. (A menos que você tenha passado a manteiga no lado errado...) Mas será este realmente um caso da Lei de Murphy, ou estaríamos diante de uma propriedade inevitável do universo físico?

I've never had a piece of toast
Particularly long and wide,
But fell upon the sanded floor
*And always on the buttered side.**

Assim escreveu o poeta James Payn, numa paródia dos versos de Thomas Moore sobre uma gazela em *The Fire Worshippers*. O evento descrito é o

* Tradução livre: Nunca vi uma apetitosa torrada, / comprida ou quadrada, eu acho, / que caísse no chão empoeirado / sem ser com a manteiga pra baixo. (N.T.)

exemplo arquetípico da Lei de Murphy: "se uma coisa puder dar errado, dará." Sua origem reside num experimento realizado no final da década de 1940 por um capitão da Força Aérea dos EUA (não ofereço nenhum prêmio para quem adivinhar seu sobrenome). Ela tem muitas variações e acréscimos, como: "se uma coisa não puder dar errado de maneira alguma, dará assim mesmo" – e aparece sob outros nomes que não o de Murphy.

Em 1991 a série de televisão *QED*, da British Broadcasting Corporation, realizou experimentos em que pessoas atiravam torradas ao ar sob várias condições, e em todos os casos os resultados foram estatisticamente indistinguíveis dos atribuíveis ao mero acaso. As coisas poderiam ter ficado por aí, se não fosse Robert Matthews. Ele é um jornalista inglês com veia matemática: um cálculo típico de Matthews começa com, digamos, a fotografia de um prédio cujas janelas foram todas destruídas e termina com uma estimativa da velocidade do vento. No *European Journal of Physics* (ver "Sugestões de leitura") ele observa que há dois problemas com os experimentos feitos em *QED*. Primeiro, por natureza, a Lei de Murphy pode conspirar para falsear qualquer experimento destinado a testá-la. Segundo, nas circunstâncias normais em que tomamos café da manhã, as torradas não são arremessadas ao ar aleatoriamente. (Certo, *sua* família pode ter uma maneira particular de fazer as coisas, mas minha ideia básica se mantém.) Uma torrada é em geral derrubada de lado da borda de uma mesa, e qualquer experimento deveria introduzir esta característica fundamental em seu planejamento e análise.

Antes de ir adiante, vale a pena expor uma ideia errônea comum. O comportamento assimétrico das torradas que caem *não* é consequência da massa extra de manteiga. Uma torrada típica pesa certa de 40 gramas, a manteiga representa no máximo 10% do total, e de qualquer maneira é em sua maior parte absorvida pelas regiões centrais. Seu efeito sobre a dinâmica da torrada é desprezível. E seu efeito sobre a aerodinâmica da torrada, resultante de mudanças da viscosidade da superfície, é ainda mais desprezível.

Matthews atribui a Lei de Murphy a uma assimetria muito mais simples: é na superfície de cima de uma torrada que passamos manteiga, e essa superfície costuma estar virada para cima quando a torrada leva um cutucão e cai da borda da mesa. Ao cair em direção ao chão, a torrada gira com uma velocidade angular determinada pelo grau de balanço inicial de seu centro de massa. Seria possível admitir que a altura de uma mesa normal e a força gravitacional da Terra conspiram para criar uma predominância de rotações até um múltiplo *ímpar* de 180º? Nesse caso, a torrada aterrissará com a manteiga para baixo todas as vezes. E, para resumir a história, segundo os cálculos de Matthews, essa conspiração realmente acontece. De fato, uma rotação que faz uma torrada dar apenas uma volta, levando a um estado final de manteiga para baixo, é de longe a ocorrência mais comum.

Antes de considerarmos as razões mais profundas dessa lastimável coincidência, convém resumir os argumentos matemáticos que levam a essa conclusão. A Figura 4.1 mostra a configuração inicial da torrada e as principais variáveis envolvidas, juntamente com algumas fórmulas de importância decisiva derivadas das leis do movimento de Newton. A principal conclusão é que a torrada não pode aterrissar com o lado da manteiga para cima a menos que o "parâmetro crítico de balanço" – a porcentagem da torrada que pende para fora da borda inicialmente, em relação à metade do comprimento da torrada – seja pelo menos 6%. A experimentação mostra que, para pão, o valor é 2%, e para torrada, 1,5%. Esses valores são ambos muito menores que o necessário para fazer o pão ou a torrada darem uma volta de pelo menos 360º em seu caminho para o chão. Como provavelmente a rotação é de pelo menos 180º, isso implica que a manteiga estar para baixo ao final da queda é uma regra inviolável.

Esta análise parte de vários pressupostos. Um é que a torrada não quica ao bater no chão. Como a manteiga é extremamente viscosa, isso é compreensível: o desfecho normal da ocorrência é um *plaft*, não um *pong*. Outro é que a torrada escorrega *lentamente* pela borda, de modo que se desprende no valor crítico de balanço. Uma análise mais detalhada mostra que a velocidade horizontal conferida à torrada quando ela deixa a borda da mesa não tem qualquer efeito sério sobre o desfecho, a não ser que seja de pelo menos 1,6m/seg, uma pancada bastante forte. Esse resultado leva a uma estratégia para impedir a aterrissagem com a manteiga para baixo: se você notar que sua torrada está escorregando para fora da borda, dê-lhe

A murphodinâmica da torrada

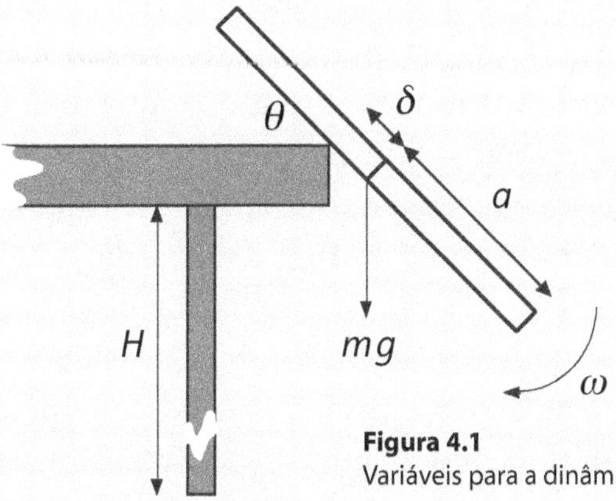

Figura 4.1
Variáveis para a dinâmica da torrada

As variáveis-chave (ver Figura 4a) são:

g = aceleração pela gravidade
m = massa da torrada
a = meia extensão da torrada
δ = balanço inicial
θ = ângulo de rotação
ω = velocidade angular de rotação
H = altura da mesa

Defina o parâmetro *de balanço* $\eta = \delta / a$. Em seguida as leis do movimento de Newton levam à relação

$$\omega^2 = (6g/a)\ (\eta\ /\ (1 + 3\ \eta^2)\ \text{sen}\ \theta,$$

enquanto a torrada está girando em torno da borda da mesa. A torrada começa a escorregar quando a força de atrito na borda da mesa é excedida pelo componente apropriado do peso da torrada. Seja qual for a taxa de rotação nesse instante, a torrada girará dali em diante na mesma taxa durante a queda.

Estimativas simples mostram que a torrada dará uma volta de pelo menos 180° a caminho do chão. Para aterrissar com a manteiga virada para cima, ela deve portanto girar pelo menos 360°. Sabemos com que velocidade a torrada está girando, e *H* (junto com *g*) nos diz quanto tempo ela leva para chegar ao chão. Para mesas e torradas de dimensões convencionais, Matthews mostra que elas só giram pelo menos 360° quando o parâmetro de balanço crítico η é maior que 0,06. O balanço crítico ocorre quando a torrada se desprende e começa a cair livremente.

uma bordoada firme com a mão para fazê-la escorregar de um lado a outro do cômodo. É bastante provável, porém, que esta estratégia produza alguns efeitos adversos – por exemplo, se o gato da família estiver parado no ponto de impacto –, mas não resta dúvida de que evita sujar o tapete.

Esta é uma ótima análise, mas ela sugere que a Lei de Murphy é meramente uma coincidência, um estranho caso de "ressonância múrphica" que resultaria dos valores um tanto arbitrários que a cultura humana estipula para mesas e torradas, em conjunção com o valor igualmente arbitrário do campo gravitacional da Terra. Matthews prossegue, observando que nada poderia estar mais longe da verdade. A Lei de Murphy, tal como corporificada no rodopio da torrada, é uma consequência profunda de constantes fundamentais da natureza. Qualquer universo que contenha criaturas remotamente parecidas conosco imporá necessariamente a Lei de Murphy a essas criaturas – pelo menos se elas comerem torradas e se sentarem a mesas.

A argumentação precisa é técnica e complexa, mas suas linhas gerais são simples. O fato crucial foi formulado por W.H. Press, que afirmou em 1980 que a altura de um organismo bípede está limitada pelo campo gravitacional em que ele vive. Comparados aos quadrúpedes, os bípedes são intrinsecamente instáveis: têm muito maior probabilidade de cair, porque basta que seu centro de massa se projete fora de sua "pegada" para que desabem. Os quadrúpedes têm uma região de estabilidade muito maior. (Não é por acaso que as girafas são mais altas que os seres humanos.)

A altura crítica é aquela para a qual o impacto da cabeça com o chão tende a ser fatal. Evidentemente essa argumentação supõe que o equipamento de importância máxima está localizado na parte de cima do bípede, mas isso proporciona vantagens evolucionárias, como a capacidade de ver mais longe. A metade da graça desse tipo de discussão está em fazer suposições plausíveis e ver onde elas levam. A outra metade, que deixo por conta das reflexões do leitor, é negar essas suposições e ver onde *isso* leva.

É também razoável supor que a mesa usada por um bípede inteligente tenderá a ter mais ou menos metade da altura da própria criatura. Na Terra, uma mesa precisa ter cerca de três metros de altura para que a Lei de Murphy seja violada, de modo que teríamos de medir seis metros para escapar às lamentáveis consequências da ressonância múrphica. A questão mais profunda é: poderia alguma raça de extraterrestres, em algum planeta distante, ser murphologicamente imune?

Para responder a essa pergunta, Matthews modelou o extraterrestre como um cilindro de polímero cujo componente crítico seria uma esfera posicionada no alto. Chamarei um organismo como este de polimurpho. A morte é ocasionada pelo rompimento de ligações químicas numa camada de polímeros. A análise de Matthews leva à conclusão de que a altura de um polimurpho viável é no máximo

$$(3nq / f)^{1/2}\mu^2 A^{-1/6}(\alpha / \alpha_G)^{1/4} a_0$$

onde

- n = número de átomos num plano sobre o qual qualquer rompimento ocorre (tipicamente cerca de 100)
- q = 3×10^{-3} é uma constante relacionada a polímeros
- f = a fração de energia cinética que entra no rompimento das ligações de polímeros
- μ = o raio de átomos poliméricos em unidade do raio de Bohr
- A = a massa atômica de material polímero
- α = a constante de estrutura fina eletrônica $e^2 / (2h\varepsilon_0 c)$ onde e é a carga no elétron, h é a constante de Planck, ε_0 é a permitividade do espaço livre, e c é a velocidade da luz.
- α_G = a constante da estrutura fina gravitacional $2Gm_p^2 / hc$ onde G é a constante gravitacional e m_p é a massa do próton
- a_0 = o raio de Bohr

Introduzindo os valores relevantes para nosso universo, descobrimos que a máxima altura segura para um polimurpho é três metros. (Aliás, o ser humano mais alto de que se tem notícia é um certo Robert Wadlow, de 2,72 metros.) Isso é muito menos que os seis metros necessários para evitar que o piso da cozinha fique lambuzado de manteiga.

Curiosamente, esse limite máximo para a altura de um polimurpho não depende do planeta que o extraterrestre habite. A razão disso é que o equilíbrio entre forças gravitacionais internas e eletrostática, e efeitos de degenerescência do elétron, requeridos para que o polimurpho não se desintegre, relaciona a gravidade do planeta a constantes mais fundamentais. Constatamos assim que a Lei de Murphy não é em absoluto fruto de uma coincidência, mas a consequência de um "princípio antropomúrphico" profundo: qualquer universo construído em linhas convencionais que contenha polimurphos inteligentes corresponderá à Lei de Murphy. Matthews conclui: "Segundo Einstein, Deus é sutil, mas não malicioso. É possível, mas não resta dúvida de que a influência Dele sobre as torradas em queda deixa muito a desejar."

Meu artigo original terminava aqui, mas ele suscitou um nível tão grande e inédito de comentários – incluindo histórias alternativas sobre a expressão "Lei de Murphy" e objeções a seu uso para descrever comportamento inanimado – que vale a pena registrar algumas reações dos leitores. David Carson da Mississipi University for Women, relatou uma série de experimentos realizados por um grupo de professores e alunos, em que torradas eram (a) atiradas randomicamente a partir da altura da cintura, (b) empurradas da borda de uma mesa e (c) empurradas do alto de uma escada de alumínio de três metros. Nos casos (a) e (c) a frequência observada da aterrissagem da torrada com a manteiga para baixo foi de 47% e 48%, respectivamente, mas no caso (b) foi de 78%. Fiquei encantado! Eles relataram, no entanto, que as torradas haviam tendido mais a desfechos em *pong* que em *plaft*. Carlo Séquin, da Universidade da Califórnia, em Berkeley, salientou que a fonte do problema não é o planejamento do universo por Deus, mas o "Comitê Americano de Padrões para Dimensões de Torradas", que claramente decretou que as torradas devem ser feitas com o *tamanho errado*. E John Steadman, do St. John's College, forneceu uma série absolutamente convincente de argumentos para provar que "não só a Lei de Murphy é uma profunda consequência das leis (não apenas das constantes) da natureza, como também as leis da natureza são profundas consequências da Lei de Murphy". Por exemplo, a segunda lei da termodinâmica é "ações têm consequências irreparáveis", o que é Murphy com uma dimensão moral, e a física quântica nada mais é que uma versão pessimista de Murphy: "se alguma coisa puder dar errado, *já deu*."

– 5 –
Quantas cabeças de gado tem o Sol?

"Se és diligente e sábio, ó estrangeiro, conta as cabeças de gado do Sol, que outrora pastavam nos campos da ilha trácia da Sicília..." Assim escreveu o grego antigo Arquimedes a seu amigo Eratóstenes de Cirene. A resposta, encontrada pela primeira vez em 1880, tem 206.545 dígitos. Mas, com alguns achados contemporâneos no campo da teoria dos números e uma pitada de álgebra computacional, podemos encontrar uma fórmula exata.

Em seu livro *Amusements in Mathematics*, de 1917, o enigmista Henry Ernest Dudeney descreveu "uma curiosa passagem de uma antiga crônica monástica" referente à Batalha de Hastings. Em 1773 o dramaturgo alemão Gotthold Ephraim Lessing publicou um problema que encontrara na biblioteca de Wolfenbüttel: tinha a forma de 22 dísticos elegíacos sobre o "rebanho do Sol" e se originara com Arquimedes, por volta de 250 a.C. Os dois enigmas têm um elemento matemático comum, a "equação de Pell", assim chamada por ser (indevidamente) atribuída a um obscuro matemático inglês do século XVII cujas contribuições para a área não foram exatamente originais. Recentemente, com a ajuda do pacote de álgebra para computador Mathematica©, Ilan Vardi (Occidental College, Los Angeles) insuflou vida nova no "problema do rebanho de Arquimedes". A matemática aí envolvida é ela própria bastante complicada, e embora seja em grande parte clássica, tem alguns aspectos que ainda fazem pesquisadores darem tratos à bola.

No enigma de Dudeney, "Os homens de Haroldo mantiveram-se muito unidos, como de costume, e formaram 61 quadrados com igual número de homens em cada um... Quando Haroldo se lançou na refrega, os saxões eram um pujante quadrado de homens, lançando os gritos de batalha '*Ut*', '*Olicrosse!*', '*Godemité!*'." Qual, perguntou Dudeney, o menor número possível de homens que poderia haver? Matematicamente, queremos encontrar um quadrado perfeito que, quando multiplicado por 61 e aumentado de um, forneça um outro quadrado perfeito (Figura 5.1). Isto é, queremos soluções em números inteiros para a equação $y^2 = 61x^2 + 1$. Para evitar a resposta trivial $x = 0$, $y = 1$ (Haroldo mais um exército de tamanho zero, o que não seria um "pujante quadrado de homens"), insistimos em que x deve ser pelo menos 1. Talvez você deseje resolver esta equação antes de continuar a leitura. Mas não gaste muito tempo com ela.

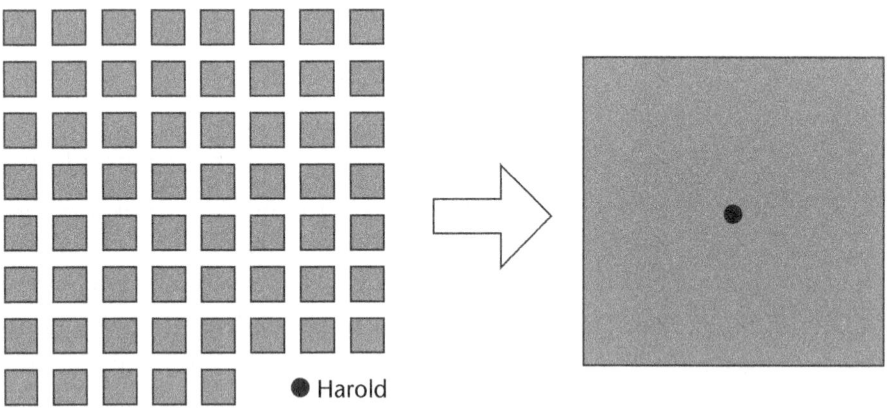

Figura 5.1
Se Haroldo e seus 61 quadrados idênticos de guerreiros podem formar um único quadrado, qual o menor número de homens que ele pode ter?

Segundo a teoria desenvolvida por matemáticos como Pierre de Fermat e Leonhard Euler aproximadamente entre 1650 e 1750, equações desse tipo geral sempre têm um número incalculável de soluções, em que 61 pode ser substituído por qualquer número inteiro positivo não quadrado. Se 61 for substituído por um quadrado, a equação exigirá que dois números inteiros consecutivos sejam quadrados, e a única solução será $x = 0$, $y = 1$, o que é trivial demais para ser interessante. A técnica para o cálculo das soluções envolve "frações contínuas": pode ser encontrada na maioria dos manuais de teoria dos números e também no divertido *Recreations in the Theory of Numbers* (ver "Sugestões de leitura"). Só para aquecer, vamos dar uma olhada na menos conhecida Batalha de Brighton (1065), em que os homens do rei Haroldo formavam 11 quadrados e o resto era igual. Neste caso, a equação é $y^2 = 11x^2 + 1$, e um pouco de tentativa de acerto e erro revela a solução: $x = 3$, $y = 10$ (Figura 5.2). Isto é, $100 = 11 \times 9 + 1$. A solução seguinte é $x = 60$, $y = 199$; há um procedimento geral para encontrar todas as soluções depois que você tiver encontrado a menor.

Acerto e erro, porém, não resolvem o enigma de Dudeney – bem, talvez com um computador, mas não à mão –, porque a menor solução é $x = 226.153.980$, $y = 1.766.319.049$. As soluções da equação de Pell, $y^2 = Dx^2 + 1$, variam extremamente com D. Os valores "difíceis" de D até 100

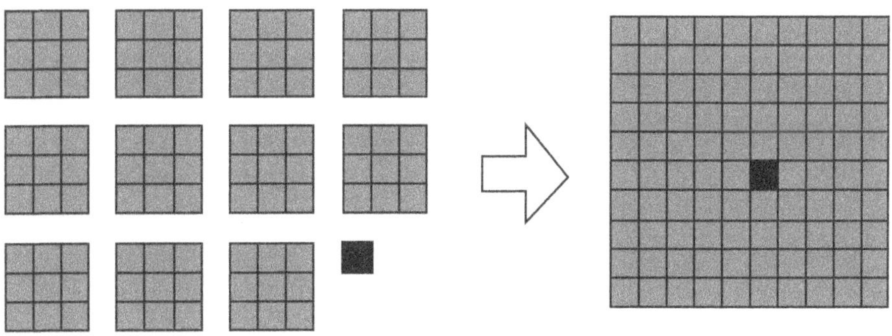

Figura 5.2
A Batalha de Brighton (1065), em que o rei Haroldo teve de resolver a equação $y^2 = 11x^2 + 1$.
A solução é $x = 3$, $y = 10$

– isto é, os que requerem um valor de x maior que mil – são $D = 29$, 46, 53, 58, 61, 67, 73, 76, 85, 86, 89, 94 e 97. O pior é, de longe, 61, o que mostra que Dudeney escolheu a dedo. Com um pouquinho de esforço você deveria descobrir o que acontece para $D = 60$ e $D = 62$, de um lado e de outro do ardiloso 61. Veja as respostas no fim deste capítulo.

Note que ele poderia ter tornado o enigma bem mais complicado: com $D = 1.597$, as menores soluções são

$x = 13.004.986.088.790{,}772.250.309.504.643.908.671.520.836.229.100$

$y = 519.711.527.755.463.096.224.266.385.375.638.449.943.026.746.249$

E se D fosse 9.781 seria *muito* pior.

O enigma que Arquimedes incluiu em sua carta a Eratóstenes começa com as palavras "se és diligente e sábio, ó estrangeiro, conta as cabeças de gado do Sol, que outrora pastavam nos campos da ilha trácia da Sicília..." Na *Odisseia* de Homero, o Sol possui 350 cabeças de gado, mas Arquimedes tem um número muito maior em mente. Ele estabelece condições que, em notação moderna, podem ser resumidas numa série de equações matemáticas. O rebanho se divide em W touros brancos, B touros pretos, Y touros amarelos e D touros malhados, junto com números correspondentes w, b, y e d de vacas. Há sete condições "fáceis" e duas bem mais espinhosas. As condições fáceis são:

$$W = (1/2 + 1/3)\, B + Y$$
$$B = (1/4 + 1/5)\, D + Y$$
$$D = (1/6 + 1/7)\, W + Y$$
$$w = (1/3 + 1/4)\, (B + b)$$
$$b = (1/4 + 1/5)\, (D + d)$$
$$y = (1/6 + 1/7)\, (W + w)$$
$$d = (1/5 + 1/6)\, (Y + y)$$

As mais espinhosas são:

$W + B$ = um quadrado perfeito

$Y + D$ = um número triangular

Aqui o número triangular é aquele que tenha a forma $1 + 2 + 3 + \ldots + n$, que é igual a $n\,(n + 1)\,/\,2$.

As primeiras sete equações resumem-se num único fato: todas as oito incógnitas são proporcionais a todas as outras por razões fixas. Desemaranhando os detalhes, verificamos que todas as soluções das primeiras sete equações são da forma

$$W = 10.366.482n \quad B = 7.460.514n \quad Y = 4.149.387n \quad D = 7.358,060n$$
$$w = 7.206.360n \quad b = 4.893.246n \quad y = 5.439.213n \quad d = 3.515.820n$$

para qualquer n inteiro. Para maiores detalhes, veja o livro de Beiler, ou o artigo de Vardi ("Sugestões de leitura"). Lessing propôs sua própria solução para o enigma, que consiste em considerar $n = 80$, mas isso não satisfaz todo o conjunto de condições. Em 1880, A. Amthor levou a solução até o fim, e descobriu que o tamanho total do rebanho é um número com 206.545 dígitos! Ele não calculou esse número exatamente, mas deu os primeiros quatro dígitos. Entre 1889 e 1893, o Clube Matemático de Hillsboro, em Illinois (A.H. Bell, E. Fish e G.H. Richard), foi adiante e deu os primeiros 32 dígitos (corretos). A primeira solução completa foi encontrada por H.C. Williams, R.A. German e C.R. Zarnke (University of Waterloo) em 1965. A lista de todos os 206.545 dígitos foi publicada pela primeira vez em 1981, por Harry L. Nelson ("Sugestões de leitura"). Ele usou um supercomputador CRAY-1 e o cálculo durou dez minutos.

Anteriormente, em 1830, J.F. Wurm havia resolvido um problema ligeiramente mais simples, que desconsiderava a condição de que $W + B$ fosse um quadrado perfeito. (Há uma ambiguidade na formulação original do problema, relacionada ao fato de que, como os touros têm mais comprimento que largura, podem "formar um quadrado" mesmo que seu número não seja quadrado. Wurm explorou essa brecha.) A condição de que $Y + D$ deve ser um número triangular leva, após um pouco de álgebra, à exigência de que $92.059.576n$ seja um quadrado. A menor solução dessa equação leva a um número total de reses que não passa de 5.196.837.175.686.

Na "solução" de Wurm, o número $W + B$ não é um quadrado perfeito. No entanto, há um número incalculável de soluções para n, e entre elas podemos procurar as menores que satisfaçam essa condição desconsiderada. Como Amthor provou, n deve ter a forma $4.456.749m^2$, onde m satisfaz à equação de Pell:

$$410.286.423.278.424m^2 + 1 = \text{um quadrado perfeito}$$

Agora, basta usar o método geral da "fração contínua", cuja eficácia foi demonstrada por Euler, para encontrar o menor desses m.

Até recentemente, a história parava por aí. A matemática de hoje, no entanto, possui instrumentos conceituais mais sofisticados que os disponíveis para Amthor, além de computadores rápidos que podem fazer operações aritméticas com centenas de milhares de dígitos num piscar de olhos. Vardi descobriu que o programa Mathematica pode refazer toda a análise acima em poucos segundos. Com um pouco mais de esforço, descobriu que o Mathematica pode também produzir uma fórmula exata para o tamanho do rebanho – de cuja existência nem se suspeitava anteriormente. Numa *workstation* Sun – escolha apropriada, dado o dono do gado – a computação demandou uma hora e meia. O resultado final foi que o número total de reses é o menor número inteiro que exceda a

$$(p / q)\ (a + b\text{v}4.729.494)^{4658}$$

onde

$p = 25.194.541$
$q = 184.119.152$
$a = 109.931.986.732.829.734.979.866.232.821.433.543.901.088.049$
$b = 50.549.485.234.315.033.074.477.819.735.540.408.986.340$

Se Arquimedes realmente propôs ou não esse problema é uma questão que suscita algum debate entre estudiosos. A concepção consensual é de que ele o fez, embora o texto revelado por Lessing fosse baseado no relato de uma outra pessoa (que não sabemos quem). O que não se discute, no entanto, é se Arquimedes poderia resolver completamente seu próprio problema. Certamente não – o problema é grande demais. O simples tamanho não teria sido um obstáculo para Arquimedes, cujo *Arenário* inclui um sistema numérico mais que capaz de lidar com meros 206.545

dígitos – mas os cálculos à mão demandariam tempo demais, mesmo usando-se notação moderna.

Teria Arquimedes alguma base para sequer supor que existia uma solução? Provavelmente não. (Na verdade, até hoje não temos uma boa caracterização daqueles D para os quais existem soluções para a equação de Pell Negativa $y^2 = Dx^2 - 1$.) Arquimedes era certamente brilhante o bastante para descobrir que alguma equação como a de Pell era necessária (os gregos não tinham a nossa álgebra, mas possuíam outros meios de expressar ideias desse tipo), contudo provavelmente não poderia ter certeza de que equações desse tipo sempre têm solução. A menos que, como ressaltou David Fowler (University of Warwick), os gregos antigos tivessem também sua própria versão de frações contínuas. Portanto, há apenas uma possibilidade remota...

Mais uma vez, este artigo provocou muito *feedback* útil. Chris Rorres, da Drexel University, alertou-me que outras informações sobre o problema do gado do Sol pode ser encontrado no artigo "A Simple Solution to Archimedes' Cattle Problem", da autoria de A. Nygren, da University of Oulu, Linnanmaa, Oulu, Finlândia. Este descreve um algoritmo para resolver o problema que pode ser processado em apenas cinco segundos num PC Pentium II usando os programas Maple© ou Mathematica©. Encontram-se links desse artigo em arquivo PDF e postcript na página de Rorres na *web*:

www.mcs.drexel.edu/~crorres/Archimedes/Cattle/Solution2.html

Programas Maple e Mathematica que permitem implementar o algoritmo de Nygren estão em

www.mcs.drexel.edu/~crorres/Archimedes/Cattle/computer2/computer_ouput.html

Você pode copiar o programa para a área de transferência de seu computador, colá-lo numa planilha e rodá-lo. A menor solução (nove números, cada um com 206.000 dígitos decimais) também pode ser encontrada na mesma página da *web*.

Respostas

$31^2 = 60 \times 4^2 + 1$

$63^2 = 62 \times 8^2 + 1$

– 6 –
O Rinoceronte de Robbingham

Quando o Rinoceronte de Robbingham, uma estátua que continha documentos de extrema importância, foi roubado, até o grande Sherlock Holmes ficou atônito. Foi então que, por acaso, o dr. Watson chamou sua atenção para um novo aspecto da geometria dos esgotos que pôs a mente do grande detetive em movimento. "Depois que se eliminou o impossível", declarou ele, "tudo que resta, por improvável que pareça, deve ser a verdade." Mas deve mesmo?

Quando entrei no apartamento de Holmes na Baker Street, encontrei-o juntando jornais, lenha e carvão. Uma tempestade de neve caía lá fora e a sala parecia uma geladeira. Ele se levantou e me entregou uma carta.

– Leia isto, Watson, e diga-me o que pensa.

Passei os olhos rapidamente pelo papel.

– Do duque de Robbingham.

– Uma dedução bastante simples, Watson, já que o nome está no timbre.

– Desculpe-me, Holmes, eu estava só pensando alto. Ele lhe informa, a meu ver de maneira bastante intempestiva, que o Rinoceronte de Robbingham foi roubado. "Uma estátua insignificante, toscamente trabalhada, sem grande valor monetário." Ouça o meu conselho, Holmes, procure um caso mais desafiador.

Holmes esboçou um sorriso.

– Watson, Watson, que posso fazer para lhe abrir os olhos? A frase final não lhe parece curiosa, dado o pouco valor reconhecido da estátua roubada?

Reli a carta. As palavras finais eram: "Solicito *seu auxílio na localização do bem roubado*."

– Não, Holmes – respondi. – Ela me parece inteiramente normal.

– A *letra*, homem! – gritou Holmes. – Você não vê que o autor da carta estava num estado de terror pânico? As voltas dos *eles* são um sinal inconfundível, para não mencionar o tremor nos *is*. Já prestei um pequeno serviço ao duque de Robbingham no passado e estou seriamente preocupado com a segurança dele. Tenha a bondade, compre uma cabine no trem especial para Robbingham Hall enquanto eu me preparo para a viagem.

Durante a longa viagem, enquanto Holmes se distraía com seu violino, tentei ler um pequeno volume de enigmas matemáticos.

– Veja só, Holmes, aqui está um interessante. Um homem está no centro de um rio de margens paralelas e com 200m de largura quando de repente baixa uma neblina e ele perde todo sentido de direção. Qual o menor caminho a tomar para diminuir o tempo que precisa para chegar à margem?

– Ele pode deduzir a direção que leva à margem observando o fluxo do rio – disse Holmes –, e depois nadar em ângulos retos em direção a ela, percorrendo um sentido único.

– Não, não pode... Quer dizer, suponha que é um lago ou coisa...

– Ah, mas você disse que era um rio! Muito bem, qual é o caminho então?

– Ninguém sabe.

– Maravilhoso.

– Mas *pensa-se* que é o caminho que segue reto por pouco mais de 100m, depois dá uma guinada para a esquerda, segue reto um pedacinho, faz um arco curvo e segue reto mais um pedacinho (Figura 6.1a).

Há um problema semelhante quando um nadador está no mar, a 100m de uma linha reta da costa (Figura 6.1b), e novamente a resposta é apenas uma conjectura.

– Fascinante – disse Holmes, com mal disfarçado sarcasmo. – Fico satisfeito por vê-lo interessar-se por questões práticas, Watson.

Voltou a seu violino e tentei retomar minha leitura, mas ele estragara o meu prazer com sua reprovação.

Quando chegamos a Robbingham Hall, uma criada conduziu-nos aos aposentos do duque. Ele estava pálido e desfigurado, como se tivesse passado uma noite em claro.

– Obrigado, Lucinda, pode nos deixar agora. Holmes, estou encantado em vê-lo – disse ele com óbvio nervosismo.

Holmes procurou acalmá-lo, e por fim tentou reconstituir a história a partir dos fragmentos. O Rinoceronte de Robbingham era um bem de

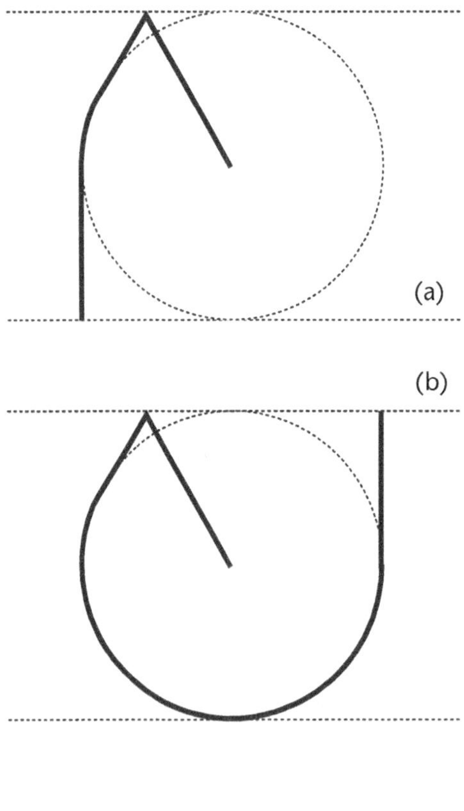

Figura 6.1
Melhores caminhos presumíveis a serem seguidos por um nadador perdido na neblina

(a) Quando o nadador está no meio de um rio com margens paralelas e retas

(b) Quando o nadador está a uma distância desconhecida de um litoral reto. (Cada linha pontilhada mostra uma posição possível de uma margem ou do litoral: a posição real é alguma rotação da linha mostrada.)

família, trazido da Índia pelo décimo duque ao fim de sua campanha vitoriosa contra o Marajá Louco de Marzipur. Era de bronze e não valia praticamente nada, mas em seu ventre oco havia uma gaveta secreta, na qual vários documentos importantes eram tradicionalmente guardados. Quando Holmes perguntou sobre a natureza desses documentos, o semblante do duque ficou ainda mais pálido.

– Não posso revelar o conteúdo, Holmes. Trata-se de uma antiga nódoa no brasão da família. Se o assunto fosse levado a público, seria o fim dos Robbinghams.

– Então só nos resta esperar que o animal seja recuperado sem maior publicidade. Mostre-me o cômodo em que ficava.

O duque chamou a criada Lucinda e pediu-lhe que trouxesse uma lanterna. Percorremos o labirinto de corredores do castelo até chegar a um pequeno porão cortado por correntes de ar, cheio de teias de aranha e iluminado apenas por uma enferrujada grade de ferro no teto que dava para uma pequena abertura ao rés do chão. Um cheiro desagradável impregnava o ambiente e uma camada de poeira de vários centímetros cobria o piso. Até eu pude perceber um número enorme de pegadas. Num canto havia um grande cofre.

– O rinoceronte estava ali dentro – disse o duque.

Holmes estudou o piso, seguindo com os olhos as trilhas de pegadas. Pegou uma lente de aumento e atravessou o cômodo para examinar atentamente a grade. Inspecionou com a mesmo atenção a fechadura da porta do porão e o cofre. Ajoelhando-se, remexeu a poeira até encontrar um pedacinho de papel, que pareceu colar-se em seus dedos. Farejou o ar, lançou os olhos sobre um monte de velhas caixas de papelão.

– De que tamanho era a estátua?

– Bastante grande – respondeu o duque, pondo as mãos cerca de 90cm uma da outra.

– Então a história toda está aqui, vossa graça, para ser lida por quem quer que conheça as regras da observação. De início, temi que o rinoceronte tivesse voado do ninho, mas agora vejo que o problema é bem outro.

Os olhos do duque iluminaram-se. Lancei a Holmes um olhar significativo e ele explicou seu raciocínio.

– A porta do porão está intacta: o ladrão entrou e saiu pela grade. Ele destrancou o cofre e pegou o rinoceronte. Não sabendo abrir a gaveta secreta, e diante da dificuldade de rachar a estátua neste porão, além do perigo de ser descoberto, resolveu levá-la.

– Mas como conseguiu tirá-la daqui? – perguntou o duque. – Enfiar-se pelas barras da grade já deve ter sido muito difícil para um homem, e o rinoceronte é consideravelmente maior.

– Ah. Ele o amarrou a um tubo de borracha inflável, para que boiasse, e jogou-o no encanamento de esgoto, para que fosse escoado, com a intenção de recolhê-lo depois fora do terreno do castelo.

– Mas isso é absurdo, Holmes – disse eu. – Você não tem como saber tudo isso. Além do mais, não há nenhum ralo neste porão.

– Como de costume, você está subestimando minha capacidade, Watson. Achei no chão o resto de um kit para vedação de furos, do tipo usado para pneus de bicicleta. Obviamente o tubo furou quando estava sendo enfiado pela grade, e foi preciso repará-lo aqui mesmo. O cheiro que você não pode deixar de ter notado indica que um encanamento de esgoto passa aqui perto. Quanto à falta de um ralo, veja com seus próprios olhos.

Holmes chutou as caixas de papelão e apareceu uma grande laje com dois anéis de ferro.

– Isso tinha de estar aí, pela direção que as pegadas indicavam.

– Mas tenho motivos para acreditar que o ladrão não teve muita sorte, Watson. Passei a vida toda estudando os odores dos esgotos, talvez você se lembre de que publiquei uma pequena monografia sobre a matéria, e tenho certeza de que este entupiu recentemente. Agora, Watson, se você quiser me emprestar sua considerável força física, acho que podemos erguer esta laje.

À luz da lanterna, vi um poço fundo, forrado de pedra, com cerca de $1m^2$. No fundo, uns bons 12m abaixo de nós, via-se um lodo fétido estagnado.

– O poço é surpreendentemente profundo, visto que estamos num porão – murmurou Holmes.

– O solo se eleva nas proximidades do castelo – esclareceu o duque. – Este porão está acima de grande parte do terreno circundante.

– Não vejo sinal do rinoceronte – observei.

– Não – disse Holmes. – Mas o esgoto estava fluindo quando a estátua foi jogada aqui. Em algum ponto do trajeto para fora, o reparo improvisado no furo se soltou e o tubo desinflou. Em seguida o rinoceronte desceu até o fundo do esgoto, bloqueando-o parcialmente. Outros materiais ficaram retidos, o que completou a interrupção.

– Quer dizer que os documentos estão presos em algum lugar no esgoto?

– Exatamente. Mas o poço é profundo e perigoso demais para que alguém tenha tentado localizar o bloqueio a partir desta ponta. Temos de chegar ao sistema de drenagem num ponto mais conveniente. O senhor tem mapas?

– Na biblioteca – respondeu o duque.

Mas nenhum dos mapas ali encontrados mostrava um cano de esgoto que pudesse estar ligado ao porão.

– Juro que *havia* um mapa que mostrava isso – sussurrou o duque, perplexo.

– Deve ter-se perdido – deduziu Holmes.

– O diabo – disse eu – é que neste exato momento o canalha pode estar vasculhando o esgoto de trás para diante, a partir da saída, à procura do seu butim.

Ocorreu-me uma ideia.

– Holmes, pode ser até que já tenha feito isso!

– Não, porque nesse caso o esgoto teria ficado pelo menos parcialmente desentupido de novo. Também para o ladrão deve ter sido trabalhoso encontrar uma entrada alternativa. Mas é muito possível que ele faça uma tentativa esta noite, de modo que não há tempo a perder.

Fez uma pausa, imerso em pensamentos.

– Quando chegamos, vi um cavalheiro idoso capinando os canteiros de cenoura.

– Certamente foi o Velho Ned. Surdo como uma porta, mas um bom empregado. Está conosco há séculos.

– Talvez ele se lembre do traçado dos esgotos. Jardineiros costumam se lembrar desse tipo de coisa.

Depois de muitos gestos e gritos, Holmes conseguiu explicar ao Velho Ned qual era o problema.

– Sim, sim – disse ele –, ouvi falar que um encanamento grande e muito velho cruza o gramado fronteiro numa linha absolutamente reta. Mas ninguém sabia para onde ele ia, embora há uns 40 anos uma ajudante de cozinha tenha me contado que mais acima ele ziguezagueava sob os porões. Para baixo, segundo ela me contou, segue reto como uma flecha.

– Pode nos mostrar onde passa esse esgoto?

– Não senhor. Mas me lembro que passava a uns 100m ou menos da estátua da ninfa das águas.

– Temos de cavar uma vala – disse o duque. – Vou chamar todos os homens disponíveis.

– Temos de cavá-la *depressa* – observou Holmes.

– E com a forma certa – acrescentei. – Do contrário ela pode não encontrar esgoto algum.

– O que precisamos saber – disse Holmes – é qual a vala mais curta que certamente encontrará *qualquer* linha reta que passe no máximo a 100m da estátua da ninfa das águas. (Ver Figura 6.2.)

– Poderíamos cavar uma vala circular com um raio de 100m – sugeriu o conde.

– Com um comprimento de 200π metros, isto é, cerca de 628m – calculou Holmes rapidamente.

– Duvido que tenhamos tempo para cavar uma vala tão longa – disse o duque. – Mas meus homens poderiam chegar perto disso. Haveria coisa melhor a fazer?

– Que tal uma linha reta que atravessasse o círculo do duque, com 200m de comprimento?

– Excelente, Watson – disse Holmes. – Pena que uma vala assim deixaria de fora muitas posições possíveis do esgoto.

– Duas linhas dessas, em ângulos retos? Com 400m de comprimento?

– O problema seria o mesmo, Watson. Não, precisamos refletir sobre essa questão com mais cuidado. Matematicamente, estamos procurando a curva mais curta que encontra todas as cordas de um círculo de 100m de raio. Uma corda é qualquer linha reta que encontra o círculo. Devemos, é claro, incluir as tangentes ao círculo, que só o encontram num único ponto.

– Por quê, Holmes?

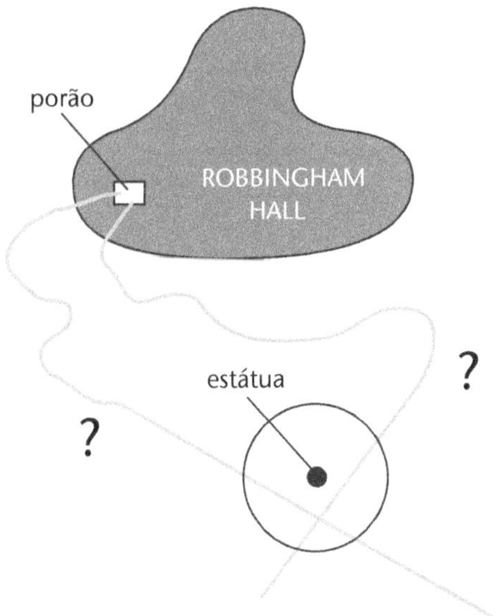

Figura 6.2
Parte do terreno de Robbingham Hall. O esgoto, que é reto, atravessa o círculo marcado. Mas onde?

– Por que o Velho Ned disse "100m ou menos", sugerindo que uma distância de 100m seria possível, e essa é a distância até uma tangente.

– Ah – disse eu, impressionado com sua lógica incisiva. – Mas esse é um problema muito complicado, pois há muitas cordas a considerar. Não haveria algum modo de simplificar?

Holmes fez um movimento de surpresa.

– Excelente sugestão, Watson. A melhor das últimas semanas. É claro que basta considerar apenas as tangentes. Uma curva que encontre todas as tangentes encontra necessariamente todas as cordas.

– Por quê?

– Escolha qualquer corda, e considere duas tangentes paralelas a ela (Figura 6.3). A curva encontra cada uma das tangentes, digamos, nos pontos A e B. Por conseguinte, a parte da curva que une A a B deve cortar a corda – e esfregou o queixo, refletindo profundamente. – Estou *quase* chegando lá, Watson. Mas há uma falha no meu raciocínio.

– Diga logo, homem!

– Muito bem. Há uma classe de curvas que automaticamente encontra todas as tangentes, e posso achar a menor delas. São curvas que começam

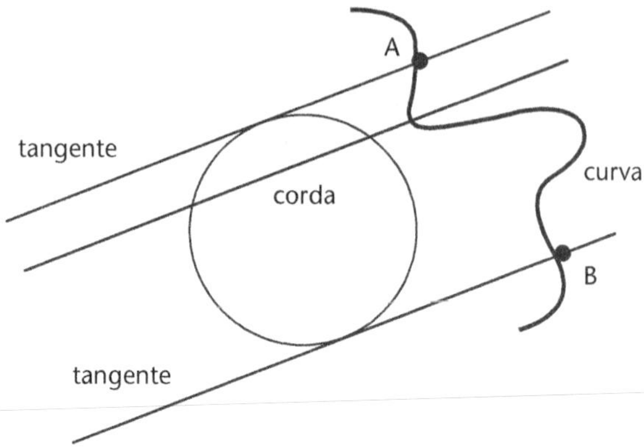

Figura 6.3
Se uma curva encontra com todas a tangentes, encontra também com todas as cordas.

e terminam em lados opostos da *mesma* tangente ao círculo, contornam todo o círculo entre seu início e fim e permanecem fora do círculo ou sobre ele. Vou chamar uma curva assim de correia, pois ela prende essa tangente particular ao círculo. (Ver Figura 6.4a.)

– Então precisamos encontrar a menor correia?

– Essa parte é simples. Primeiro, observe que a correia deve encontrar o círculo em algum lugar, do contrário ela poderia ser "apertada para baixo" em direção ao círculo, e com isso ficaria encurtada. Suponha que ela encontre o círculo primeiro num ponto B, e por último em C. Nesse caso AB e CD devem ser linhas retas, do contrário a correia poderia ser encurtada ao longo desses segmentos. Além disso, BC é apenas um único arco do círculo, por razões semelhantes. (Ver figura 6.4b.)

– Acho que as linhas AB e CD devem ser tangentes do círculo – palpitei. – Se não, a curva poderia ser encurtada movendo-se B e D para posições em que realmente são tangentes. (Ver Figura 6.4c.)

– É claro, Watson. Finalmente, devemos perguntar onde os pontos A e B deveriam ser localizados. Parece-me que tanto AB quando DC deveriam estar em ângulos retos com a tangente. Porque, do contrário, poderíamos 'girar' a correia para uma posição em ângulo reto, e novamente ela ficaria mais curta. (Ver Figura 6.4d.)

– Isso mesmo! – exclamei. – Nesse caso o arco BC é um semicírculo, e descobrimos a curva mais curta. (Ver Figura 6.4e.)

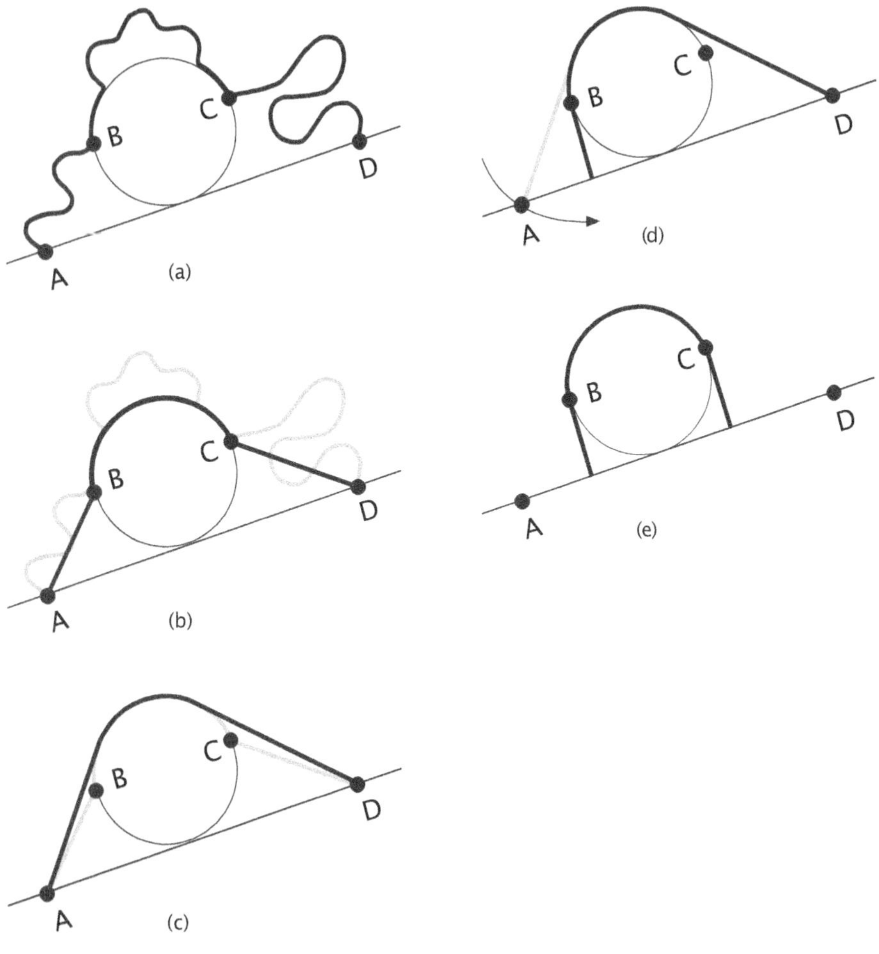

Figura 6.4

(a) Uma curva que contorna o círculo começando e terminando na mesma tangente sempre encontra todas as tangentes do círculo. Vamos chamá-la de correia.

(b) As linhas AB e CD podem ser alinhadas, e os afastamentos em relação ao círculo entre B e C podem ser eliminados.

(c) A correia encurta quando AB e CD são transformados em tangentes do círculo.

(d) Se DAB não for um ângulo reto, podemos girar a ponta A para encurtar a correia. O mesmo para a ponta D.

(e) A correia mais curta consiste em um semicírculo e duas linhas retas tangenciais de comprimento igual ao raio. De fato, esta é a curva mais curta que encontra todas as tangentes do círculo (e portanto também todas as cordas).

– Lamentavelmente, essa é só a *correia* mais curta – disse Holmes. – Embora me pareça difícil ver como qualquer outra curva poderia ser mais curta.

Ficamos alguns minutos em silêncio, até que me ocorreu uma ideia.

– Nem tudo está perdido – gritei. – Qual o comprimento da correia mais curta?

– $(2 + \pi) \times 100$, ou cerca de 514m neste caso – disse Holmes.

– Uma economia de nada menos que 89m – falei. – Não temos tempo a perder: vou pedir ao duque que faça seus homens começarem a trabalhar.

Enquanto eles cavavam, Holmes e eu continuamos a procurar curvas ainda mais curtas, mas não conseguimos encontrar nenhuma. Depois tive uma lembrança repentina.

– O livro, Holmes. O livro que eu estava lendo no trem! – e tirei-o do bolso do paletó. – Vejamos... é, o menor caminho que encontra todas as cordas de um círculo consiste realmente em dois segmentos retos paralelos e um semicírculo.

Holmes lançou os olhos no meu livro.

– Confesso que avaliei mal a utilidade desse pequeno volume, Watson. Mas, por curiosidade, como você *sabe* que o trajeto proposto é verdadeiramente o mais curto?

– Ora, isso foi provado com a mais absoluta certeza – disse-lhe. – Por várias pessoas diferentes, sob condições ligeiramente diferentes sobre a natureza da curva admitida, mas pela primeira vez por H. Joris. No entanto, todas as provas conhecidas são surpreendentemente longas e complexas. Seria de grande interesse se alguém conseguisse encontrar uma prova curta e simples.

Passamos a discutir outras variações de problemas daquele tipo: um homem perdido numa floresta retangular de dimensões conhecidas, um patinador num lago elíptico congelado sob uma tempestade de neve... De repente, o Velho Ned soltou um grito. Havia localizado o esgoto. Com mais alguns minutos de trabalho, a direção dos canos ficou clara, e Holmes espiou por dentro eles.

– Ah, é isso, além daquele arvoredo distante, onde corre o regato. É ali que encontraremos o escoadouro. E também o ladrão, quando vier para pôr as mãos em sua pilhagem.

Como encontrar a vala mais curta

Uma prova completa da afirmação de Watson de que a vala mais curta consiste num semicírculo e dois segmentos retos é surpreendentemente complicada (ver "Sugestões de leitura"). No entanto, é relativamente simples torná-la plausível. Primeiro, observe que, se uma curva encontra todas as tangentes a um círculo, deve encontrar também todas as cordas. Para ver por que, considere as duas tangentes paralelas à corda (Figura 6.5). A curva deve encontrar cada uma delas, digamos nos pontos A e B. Por continuidade a parte da curva que une A a B deve cortar a corda.

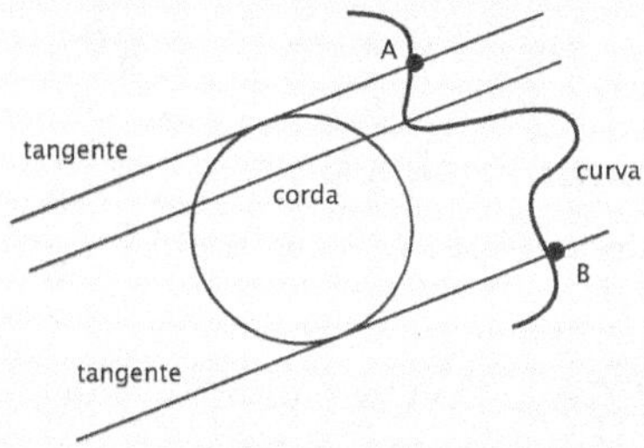

Figura 6.5
Se C encontra todas as tangentes, também encontra todas as cordas.

Portanto, é suficiente achar a curva mais curta que encontra todas as *tangentes* ao círculo. Isto simplifica a prova porque podemos nos concentrar nas tangentes, com que é mais fácil de lidar, e esquecer todas as outras cordas.

Como nenhuma tangente encontra o interior do círculo, é plausível que a curva mais curta permaneça fora do círculo ou sobre ele. Isto é verdade, mas não inteiramente óbvio. Suponha que a curva atravesse o círculo. Nesse caso, aquela parte da curva que fica dentro do círculo é "desperdiçada", mas não podemos simplesmente removê-la, porque, se o fizéssemos, a curva se desagregaria em duas partes. Temos de mostrar que a curva pode ser reconduzida para fora do círculo, sem aumentar seu tamanho, de modo que ela ainda corte todas as tangentes. Isso requer uma complexa análise caso a caso e é a parte mais difícil da prova.

Tendo estabelecido isso, mostramos então que a curva deve começar e terminar em lados opostos da *mesma* tangente ao círculo, contornando todo o círculo entre seu começo e seu fim, como mostrado na Figura 6.6. (A curva pode correr ao longo do círculo em alguns lugares.) Além disso, qualquer curva dessa forma encontra automaticamente todas as tangentes. Assim, a única coisa que precisamos fazer é encontrar a curva mais curta dessa forma.

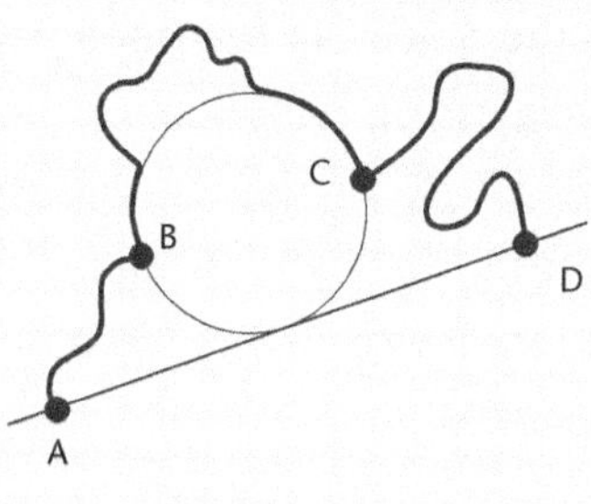

Figura 6.6
Forma geral da curva mais curta.

→

Depois de estabelecer claramente a geometria desse conjunto muito específico de curvas, torna-se fácil mostrar que AB e CD devem ser linhas retas, e que BC é apenas um único arco do círculo. Disto se segue que AB e DC estão em ângulos retos com a tangente AD, e o arco BC é um semicírculo. (Intuitivamente, imagine que a curva ADCD é feita de elástico, com A e D livres para escorregar ao longo da tangente AD. Quando o elástico se contrai, ABCD automaticamente forma a curva mais curta. Claramente a parte entre B e C se apertará em torno do círculo, enquanto AB e CD se contrairão, tornando-se linhas retas. Que DAB e ADC são ângulos retos é quase óbvio.)

– Acha que o ladrão é um homem, Holmes?

– As pegadas respondem a essa pergunta de maneira muito clara, Watson.

Escondemo-nos entre as árvores e nos acomodamos para esperar. Mal o sol se pôs, ouvimos passos e sons de borrifos. Uma figura mascarada entrou em nosso campo de visão, e Holmes saltou sobre ela. Após uma breve luta, vimos o criminoso deitado de costas e Holmes sentado em cima. Ele agarrou a máscara e puxou-a.

– Meu Deus, é Lucinda – disse o duque, que acabara de chegar à cena. – O que você está fazendo aqui, minha querida? Não me diga que *você* é o ladrão!

– Pelo amor de Deus, duque, não. Na noite de segunda-feira passada, mandaram-me ao porão para jogar fora algumas caixas de trastes, mas a porta estava trancada e não consegui achar a chave. Ned estivera consertando sua bicicleta lá no porão, e acho que se esqueceu de devolver a chave quando acabou. Seja como for, consegui entrar subindo até a grade e passando entre as barras. Havia um buraco de esgoto aberto e uma laje de pedra ao lado. O cofre estava aberto e vi lá dentro aquela estátua engraçada de rinoceronte e tirei-a para dar uma olhada. Ela era mais pesada que eu imaginava e caiu acidentalmente no esgoto. Um monte de lixo caiu com ela, e o esgoto ficou entupido. Olhei lá dentro, e como não consegui ver a estátua, supus que fora levada para fora, boiando, antes do entupimento ocorrer.

– Lucinda, ela é de *bronze*.

– Pensei que era de madeira pintada, senhor. Seja como for, entrei em pânico. Empurrei a laje sobre o buraco do esgoto, pus algumas caixas velhas em cima, fechei o cofre e saí de novo pela grade. Esta manhã, encontrei na biblioteca um mapa que mostrava onde aquele esgoto ia dar – ele está escondido no meu quarto. Juro que sempre tive a intenção de devolvê-lo depois que... Seja como for, eu estava pronta para entrar rastejando pelo esgoto e procurar a estátua quando este cavalheiro... – deu um sorriso cativante para Holmes – "pulou em cima de mim".

– Então o Rinoceronte de Robbingham nunca saiu do fundo do poço no porão – refletiu o duque. – E eu estou com uma vala de 500m cavada num gramado que foi primorosamente cuidado durantes seis séculos.

Lançou um olhar furibundo para Holmes.

– É uma questão de dedução lógica – disse Holmes. – Como costumo afirmar, depois que se eliminou o impossível, tudo que resta, por improvável que pareça...

– Isso, Holmes, isso! Continue! – exclamei. – Isso é brilhante!

– ... Continua sendo improvável – concluiu Holmes, cabisbaixo. – O provável é que esteja acontecendo alguma coisa completamente diferente e você não a percebeu. Mas não cite estas minhas palavras – advertiu-me ele.

– Meus lábios estão selados – respondi. Mas minha caneta e meu caderno não estão. Afinal, um biógrafo tem de ganhar a vida.

– 7 –
Quebra-cabeças bidirecionais

Uma rivalidade entre os grandes mestres do quebra-cabeça da Inglaterra e dos Estados Unidos armou o cenário para um passatempo geométrico clássico: dissecções. Você é capaz de recortar um hexágono regular e rearranjar os pedaços de modo a formar um octógono regular? Ou transformar um pentagrama num quadrado? Um belo livro de Greg Frederickson, um exímio dissector, revelou alguns dos truques do ofício.

Ainda no início de suas carreiras, os grandes enigmistas Sam Loyd e Henry Ernest Dudeney – um americano e o outro inglês – escreveram a quatro mãos uma coluna regular de enigmas para a revista *Tit-bits*. Loyd escrevia os quebra-cabeças e Dudeney (sob o pseudônimo "Sphinx") acrescentava comentários e concedia prêmios. A colaboração não demorou a se converter em rivalidade, e os dois homens seguiram caminhos separados. Ao fazê-lo, criaram toda uma indústria de quebra-cabeças nos dois lados do Atlântico, formulando problemas matemáticos fascinantes inseridos em historietas simples mas atraentes.

Um exemplo típico do trabalho dos dois é o enigma da liteira de Loyd (Figura 7.1a). O problema matemático era recortar a forma da liteira no

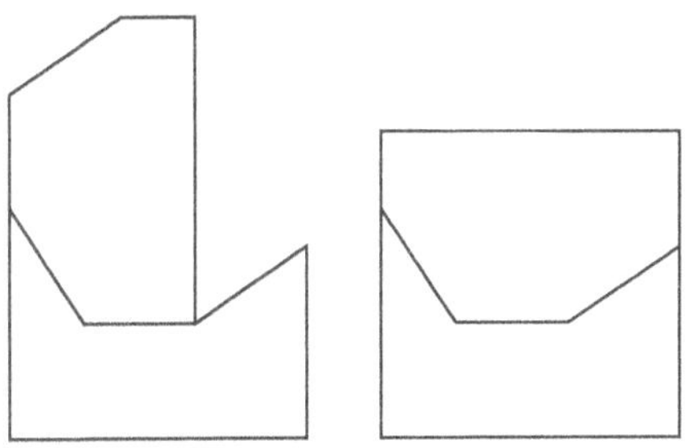

Figura 7.1
(a) O quebra-cabeça da liteira de Sam Loyd.
(b) A solução.

menor número de pedaços possível e rearranjá-los de modo a formar um quadrado; Loyd o inseriu num conto em que a liteira de uma senhorita se dobrava engenhosamente para proteger sua ocupante da chuva. A resposta (Figura 7.1b) é clara, elegante e nada tem de óbvia.

Quebra-cabeças desse tipo são conhecidos como "dissecções". Prefiro vê-los como quebra-cabeças bidirecionais, que admitem mais de uma resposta. Um livro extremamente interessante sobre esse passatempo tradicional é *Dissections: Plane and Fancy*, de Greg N. Frederickson ("Sugestões de leitura"). Todo entusiasta de quebra-cabeças e matemático amador deveria ter um exemplar. Para abrir seu apetite, a Figura 7.2 mostra uma seleção de exemplos interessantes, todos do livro de Frederickson.

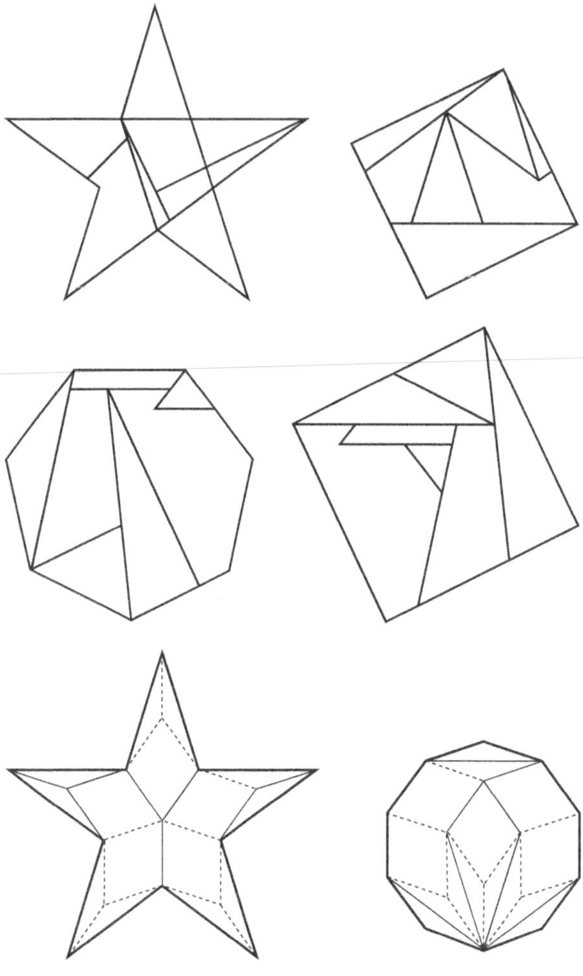

Figura 7.2
Exemplos de dissecção.

(a) De pentagrama para quadrado, de Philip Tilson.

(b) De heptágono para quadrado, de Gavin Theobald.

(c) De pentagrama para decágono, de Lindgren.

O conceito matemático básico subjacente a todo quebra-cabeça de dissecção é a área. Quando uma forma é recortada, e os pedaços rearranjados, a área total não muda. Na verdade, há um pouco de matemática muito profunda por trás desta afirmação simples e aparentemente óbvia. Em particular, ela é *falsa* em três dimensões, se admitirmos que a natureza dos "pedaços" seja suficientemente complicada. No célebre "paradoxo de Banach-Tarski", uma esfera é "decomposta" em seis pedaços que podem ser remontados de modo a formar duas esferas sólidas, ambas com o mesmo tamanho da esfera original. Em 1924, Stefan Banach e Alfred Tarski aplicaram-se juntos a esse extraordinário teorema. Na verdade, não se trata de um paradoxo: é um resultado perfeitamente sensato e logicamente válido. Mas parece tão esquisito que a palavra "paradoxo" pegou.

Hesito em mencionar esse estranho resultado, por ser aparentemente tão impossível: como pode o volume *dobrar* graças ao simples rearranjo dos pedaços? O segredo é empregar pedaços tão estranhos que não possuem um volume bem definido. De fato, chamá-los de "pedaços" é forçar a linguagem, porque não são objetos singulares conectados – assemelham-se mais a nuvens esféricas de poeira infinitamente complexas. As ideias estão resumidas em meu livro *From here to infinity* e descritas em toda a sua glória em *The Banach-Tarski Paradox*, de Stan Wagon ("Sugestões de leitura").

Não há, é claro, qualquer maneira prática de realizar essa dissecção teórica com um objeto físico – os que negociam com metais preciosos podem dar um suspiro de alívio –, mas ela demonstra como o conceito de volume é sutil. A simples descrição da construção matemática requer muitas páginas de argumentação e várias ideias sofisticadas. Curiosamente, nenhuma dissecção "paradoxal", em que as áreas mudam, é possível na geometria do plano, por mais complexos que sejam os pedaços – como Tarski provou em 1925. Elas são possíveis, contudo, na superfície de uma esfera.

Quando os pedaços em que o objeto é recortado têm áreas ou volumes bem definidos – e especialmente quando são polígonos ou poliedros, com arestas e faces retas – não há qualquer construção que contrarie a intuição como a de Banach e Tarski. De fato, em 1833, P. Gerwein, um tenente do exército prussiano, respondeu a uma pergunta básica sobre dissecção proposta pelo matemático húngaro Wolfgang Bolyai. Gerwein provou que, dados quaisquer dois polígonos planos de área igual, há um conjunto finito de pedaços poligonais idênticos que podem ser reunidos para formar ambas as formas. Esse resultado é tradicionalmente chamado o "teorema de Bolyai-Gerwein", embora na verdade pareça ter sido provado pela primeira vez por William Wallace em 1807.

O teorema Bolyai-Gerwein *não* se generaliza para três dimensões. Em 1900, David Hilbert perguntou se quaisquer dois poliedros de igual volume são "equivalentes por dissecção" – isto é, se podem ser montados a partir do mesmo conjunto de pedaços poliédricos. Um ano depois Max Dehn provou um resultado surpreendente: um cubo e um tetraedro de igual volume *não* são equivalentes por dissecção.

O que é realmente divertido, é claro, é encontrar exemplos claros ou surpreendentes de formas que *são* equivalentes por dissecção. Pode-se fazer algum progresso por meio de um inspirado processo de ensaio e erro, mas só quando se tem uma grande imaginação espacial. Uma das maiores virtudes de *Dissections: Plane and Fancy* é que, além de exibir um vasto número de dissecções, explica muitos princípios gerais envolvidos em sua descoberta.

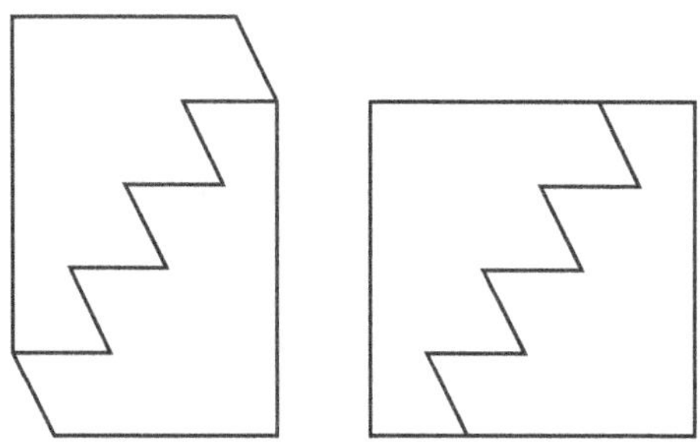

Figura 7.3
O princípio do degrau.

Um é o "princípio do degrau" (Figura 7.3), em que uma forma é recortada ao longo de uma "escada" que pode depois ser movida mais um degrau para criar uma forma diferente. Tanto Loyd quanto Dudeney lançam mão desse princípio em muitos de seus quebra-cabeças. David Collison, um entusiasta da dissecção que nasceu na Inglaterra e trabalhou como programador e consultor computacional nos Estados Unidos, concebeu dissecções rebuscadas com base nesse princípio. A Figura 7.4 mostra uma de suas criações, prova por dissecção do fato "pitagórico" bem conhecido de que $5^2 + 12^2 = 13^2$, verificado no contexto dos pentágonos. Você pode ver vários usos diferentes do princípio do degrau neste exemplo.

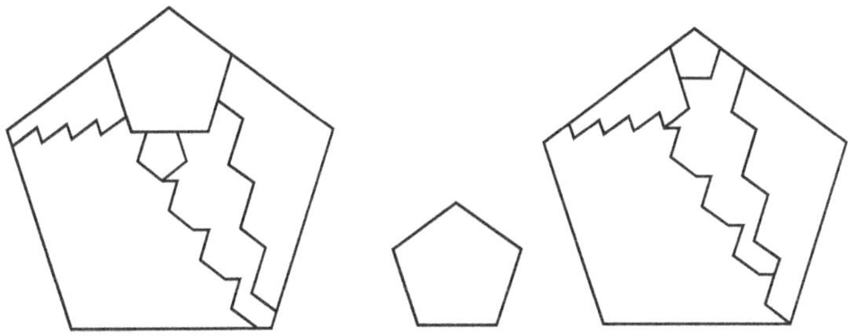

Figura 7.4
A dissecção pitagórica de Collison. Aqui o maior pentágono tem uma área de 169 unidades quadradas; os menores têm áreas de 25 e 144, respectivamente.

Outro método geral é o "princípio da tesselação". Muitas formas interessantes podem ser inseridas em tesselações – padrões de ladrilhagem que recobrem o plano. Se duas tesselações diferentes, ambas formadas com ladrilhos da mesma área, forem superpostas, muitas vezes torna-se possível "perceber" como fazer uma dissecção de uma forma para outra. A Figura 7.5 mostra um exemplo simples, em que uma forma é uma cruz grega e a outra um quadrado.

A Figura 7.6 mostra um uso mais complexo da mesma ideia básica. Esta dissecção de um dodecágono numa cruz latina deve-se a Harry Lindgren, um *expert* mundial em dissecções e autor de *Geometric Dissections*

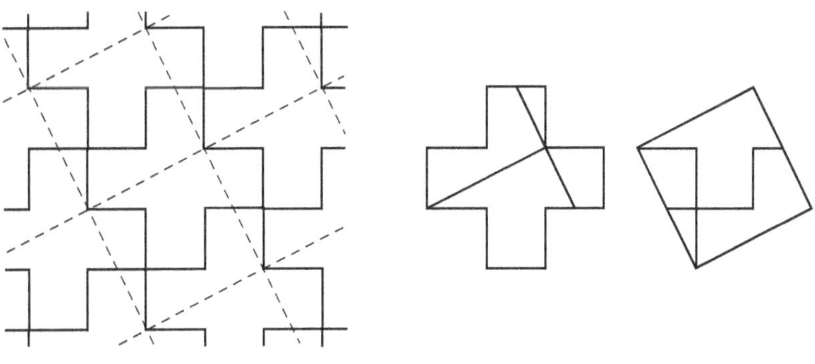

Figura 7.5
Tesselação: de cruz grega para quadrado.

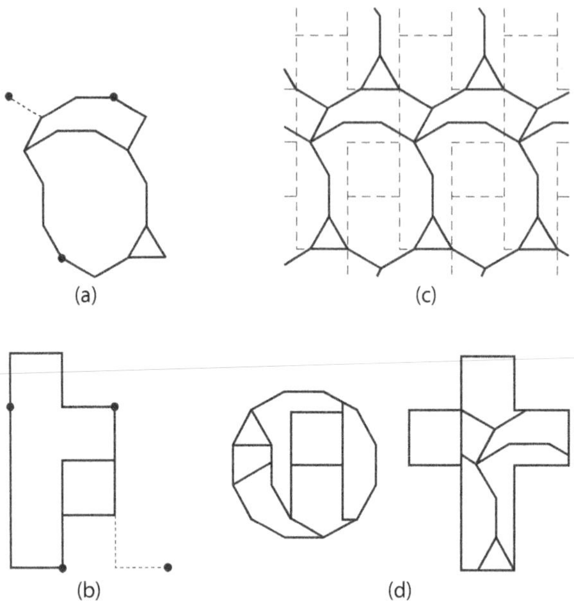

Figura 7.6
De dodecágono para cruz latina, de Lindgren.

(a) Recorte do dodecágono em três pedaços e rearranje-o para formar um ladrilho.
(b) Recorte a cruz latina.
(c) Recubra o plano das duas maneiras.
(d) A comparação das duas ladrilhagens leva à dissecção do dodecágono numa cruz latina.

("Sugestões de leitura"). O primeiro passo – e o mais difícil – é recortar o dodecágono em três pedaços que possam ser rearranjados para formar um ladrilho bastante complicado (Figura 7.6a). A cruz latina de área igual à do dodecágono também pode ser recortada em dois pedaços (Figura 7.6b). As duas formas recobrem o plano (Figura 7.6c). A comparação dos dois ladrilhos leva à dissecção da Figura 7.6d.

Outra variação do princípio está subjacente a uma tesselação publicada por George Biddle Airy, que serviu como astrônomo real britânico de 1836 a 1881, para provar o teorema de Pitágoras (Figura 7.7). O pequeno poema é de Airy.

Um terceiro método geral é o princípio da tira. As duas formas são cortadas em pedaços que, combinados, podem recobrir uma tira infinitamente longa. Se as tiras forem superpostas depois, elas determinam a dissecção. A Figura 7.8 mostra como a dissecção de um hexágono em um quadrado feita por Paul Busschop pode ser derivada pelo método da tira. Busschop foi um belga que escreveu um livro sobre o jogo do Resta Um, publicado postumamente em 1879 por seu irmão.

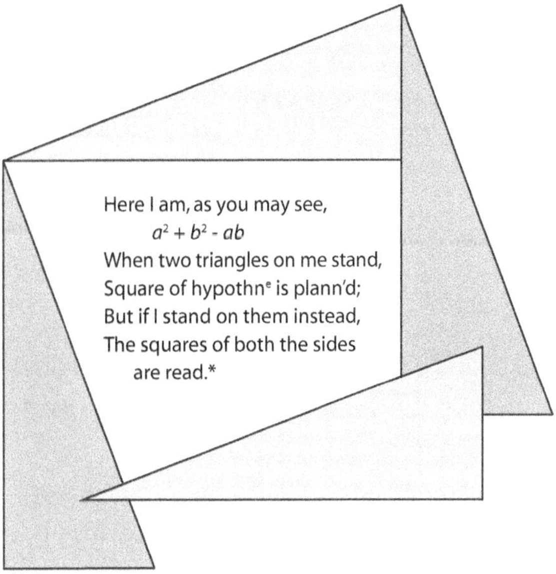

Figura 7.7
Dissecção pitagórica de Airy.

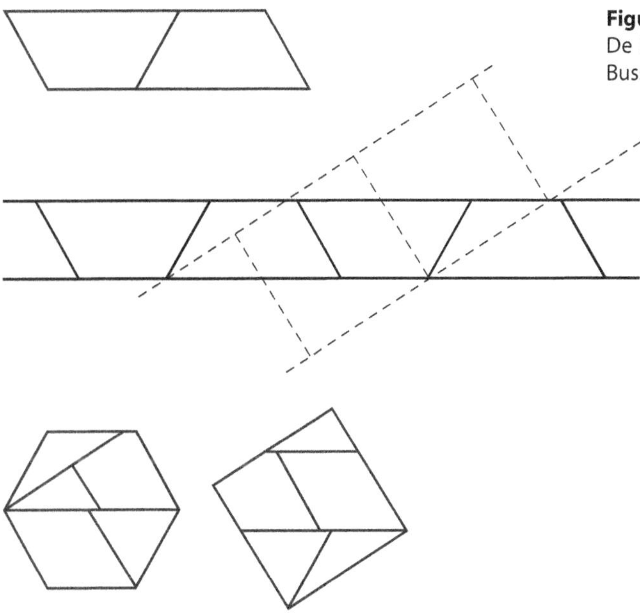

Figura 7.8
De hexágono a quadrado, de Busschop.

* Aqui estou como você vê, $a^2 + b^2 - ab$ / Quando dois triângulos sobre mim se erguem, / O quadrado da hipotenusa aparece; / Mas se sou eu que neles se apoia, / Os quadrados de ambos os lados aparecem. (N.T.)

Figura 7.9
De estrela de davi para quadrado, de Bradley.

A Figura 7.9, que faz a dissecção de uma estrela de davi num quadrado, pode ser obtida pelo mesmo método. Ela foi inventada por Harry Bradley, um engenheiro americano que lecionou no MIT em 1897.

Os quebra-cabeças de dissecção não se restringem à mera conversão de uma forma em outra. Muitas vezes todo um conjunto de formas pode ser recortado e remontado. A Figura 7.10 mostra dois exemplos: quatro octógnos em um, e seis dodecágonos em um.

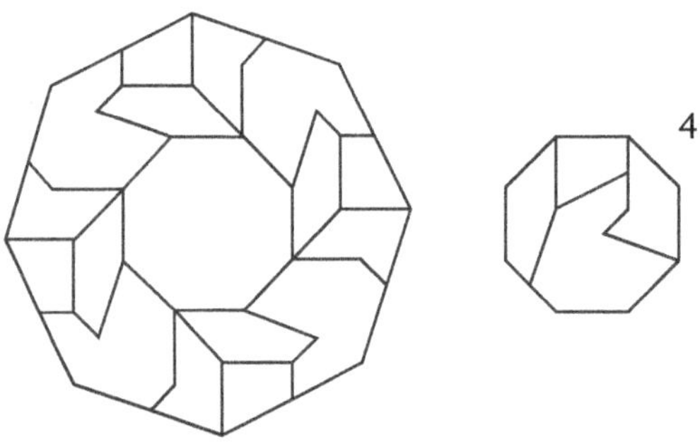

Figura 7.10

(a) De quatro octógonos em um.

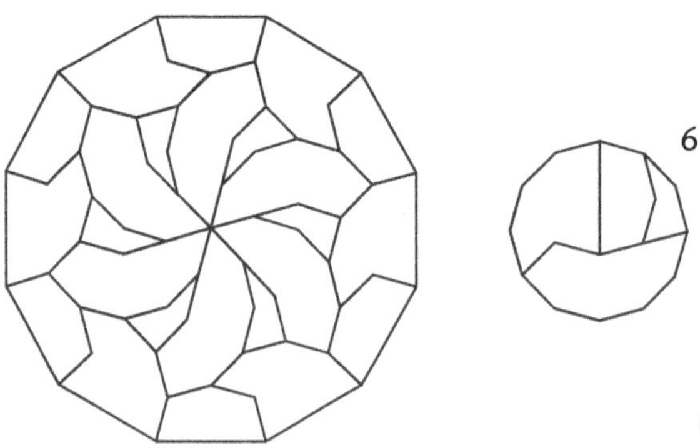

(b) De seis dodecágonos em um.

As dissecções são tão convincentes que às vezes podem produzir uma ilusão de óptica. Em 1901 Loyd cometeu um erro memorável – qualificado por Frederickson como "talvez sua maior mancada" – quando afirmou que fizera a dissecção de uma mitra (um quadrado do qual é removido um quarto) num quadrado, como na Figura 7.11a. Lamentavelmente, o aparente "quadrado" é na verdade um retângulo, cujos lados estão na proporção 49:48. A ironia é que Loyd batizou essa dissecção de "Quebra-cabeça do sabichão". Seu rival Dudeney mostrou o erro em 1911 e forneceu uma dissecção correta (Figura 7.11b). Assim, se você está interessado em procurar suas próprias dissecções, siga o conselho que tantos pais dão aos filhos: "Divirta-se, mas tenha cuidado."

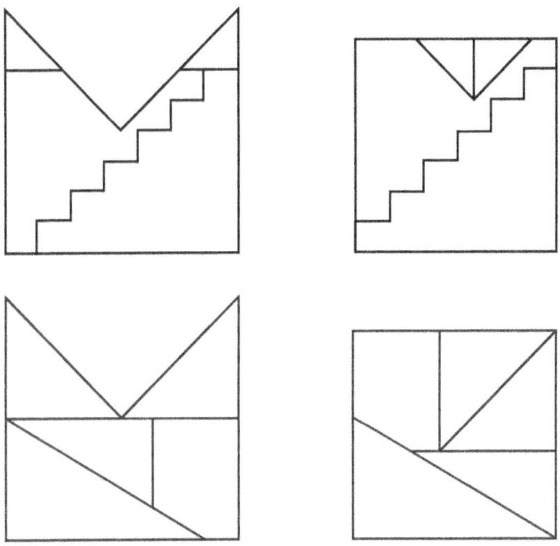

Figura 7.11
A dissecção da mitra.

(a) O erro de Loyd.

(b) A correção de Dudeney.

- 8 -
Histórias de um número desprezado

O "número áureo", 1,618034 volta e meia é usado na matemática recreativa, aparecendo em abacaxis, espirais e num problema de 800 anos de idade sobre o crescimento exponencial de uma população de coelhos. Aqui vamos dar uma olhada num parente (do número, não dos coelhos) menos conhecido, mas igualmente interessante, a saber, 1,324718, que o arquiteto Richard Padovan chama de o "número plástico".

Alan St. George é um escultor matemático que frequentemente faz uso do bem conhecido "número áureo". Em 1955-6 ele expôs algumas de suas obras, e o catálogo da exposição mencionava um parente menos célebre desse número, fazendo referência a uma série de artigos em que "O arquiteto Richard Padovan revelou as glórias do 'número plástico'. ... O número plástico tem pouca história , o que é estranho, considerando-se suas grandes virtudes como instrumento de desenho, mas sua procedência na matemática é quase tão respeitável quanto a de seu primo áureo... Ele não ocorre com tanta frequência na natureza, mas há que se levar em conta que ninguém o tem procurado."

Isso me pareceu intrigante e decidi apurar mais coisas sobre esse curioso e pouco conhecido número. Suspeito que ele foi descoberto muitas vezes e provavelmente tem uma variedade de nomes.

Para fins de comparação, comecemos com o número áureo ϕ. (Uma fonte excelente é o livro de Mario Livio em "Sugestões de leitura".) Este satisfaz a equação $\phi = 1 + 1 / \phi$, o que implica que $\phi = (1 + \sqrt{5}) / 2 = 1{,}618034$ aproximadamente. O número áureo está intimamente associado com a geometria dos pentágonos – é a razão entre a diagonal de um pentágono e seu lado –, e portanto está também associado ao dodecaedro e ao icosaedro. Tem estreitas conexões com os célebres números de Fibonacci. Para visualizar esse vínculo, observe a Figura 8.1, um sistema espiralado de quadrados. O quadrado inicial (marcado de preto) tem lado 1, assim como seu vizinho imediato. Depois é acrescentado um quadrado de lado 2, para se ajustar perfeitamente contra os dois primeiros, seguidos, por sua vez, por quadrados de lado 3, 5, 8, 13, 21 e assim por diante. Estes são os números de Fibonacci, e cada um dos quais é a soma dos dois anteriores. A figura deixa isso claro – por exemplo, o quadrado de lado 21 tem a mesma altura que os de lados 13 e 8 justapostos.

A razão dos números de Fibonacci consecutivos tende ao número áureo. Por exemplo, 21/13 = 1,615384. Este fato é consequência da regra para a geração de números Fibonacci, em combinação com a equação $\phi = 1 + 1 / \phi$. Na Figura 8.1, acrescentei um quarto de círculo dentro de cada quadrado componente, e eles se justapõem formando uma elegante espiral. Essa espiral é uma boa aproximação da chamada "espiral logarítmica" frequentemente encontrada na natureza, por exemplo, na concha de um caramujo. As voltas sucessivas da espiral crescem a uma taxa aproximadamente igual ao número áureo.

Esta é a história áurea. Passemos à plástica. Começamos com um diagrama muito parecido com o da Figura 8.1, mas composto de triângulos equiláteros (Figura 8.2). O triângulo inicial está marcado de preto, e triângulos sucessivos espiralam-se no sentido horário: a espiral mostrada é de novo aproximadamente logarítmica. Para fazer as formas se ajustarem,

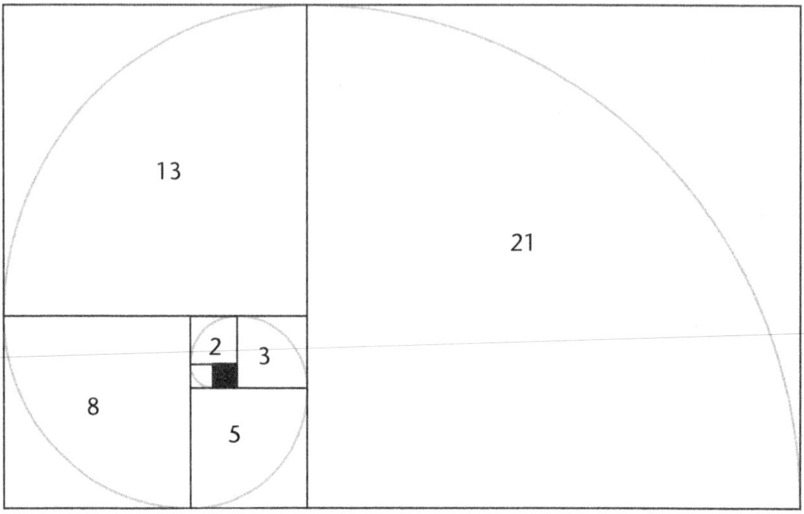

Figura 8.1
A espiral de quadrados forma números de Fibonacci.

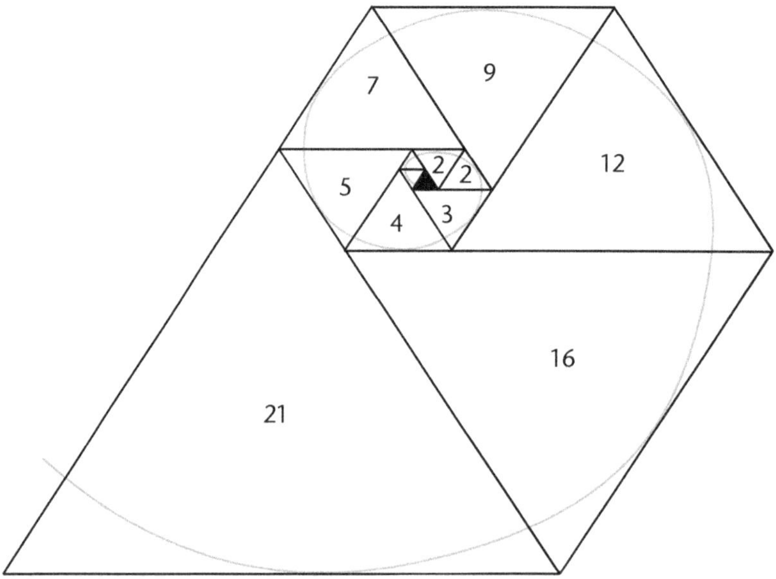

Figura 8.2
A espiral de triângulos forma números padovanos.

os primeiros três triângulos têm todos lado 1. Os dois seguintes têm lado 2, e depois seguem-se os números 4, 5, 7, 9, 12, 16, 21 e assim por diante. Mais uma vez, há uma regra simples de formação, análoga à regra para a geração dos números de Fibonacci: agora cada número na sequência é a soma do número *prévio* ao anterior com o que vem antes dele. Por exemplo 12 = 7 + 5, 16 = 9 + 7, 21 = 12 + 9. Novamente, isto é claro a partir da geometria dos triângulos e das condições necessárias para que se ajustem. Chamarei esta sequência a *sequência padovana* em homenagem a Richard Padovan.

Na verdade, ele me pediu que não o fizesse, porque não inventou o número, mas afinal Pell também não inventou (nem resolveu) a equação de Pell, e Bolyai e Gerwein não foram os primeiros a provar o teorema Bolyai-Gerwein. Como se verá, tenho um bom motivo para isso – uma anedota italiana. Ademais, a meu ver, as pessoas merecem crédito por tornar as ideias *interessantes*. Assim, com profusas e sentidas desculpas a Richard, vou manter minha terminologia historicamente inexata. O interesse jornalístico fala mais alto.

É curioso que "Pádova" seja a forma italiana de "Pádua", e Fibonacci era italiano – de Pisa, a cerca de 160 quilômetros de Pádua. Diz-se que "Fibonacci" significa "filho de Bonaccio"; embora o nome que ele próprio usasse fosse "Leonardo de Pisa", e seu famoso apelido pareça só ter sido inventado no século XIX. Senti-me fortemente tentado a rebatizar os números de Fibonacci como "a sequência pisana", para preservar o sabor da geografia italiana, mas acabei conseguindo resistir à tentação, e conservo a nomenclatura tradicional.

Os primeiros 20 termos da sequência de Fibonacci $F(n)$ e da sequência padovana $P(n)$ estão listados na Tabela 1. Em forma algébrica, as regras de geração são

$$F(n+1) = F(n) + F(n-1) \qquad \text{onde } F(0) = F(1) = 1$$
$$P(n+1) = P(n-1) + P(n-2) \qquad \text{onde } P(0) = P(1) = P(2) = 1$$

o que torna a semelhança de família muito visível. A tabela inclui também os "números de Perrin" $A(n)$, que serão discutidos um pouco adiante.

Tabela 1

n	*F*(*n*)	*P*(*n*)	*A*(*n*)	*n*	*F*(*n*)	*P*(*n*)	*A*(*n*)
0	1	1	3				
1	1	1	0	11	144	16	22
2	2	1	2	12	199	21	29
3	3	2	3	13	343	28	39
4	5	2	2	14	542	37	51
5	8	3	5	15	885	49	68
6	13	4	5	16	1427	65	90
7	21	5	7	17	2312	86	119
8	34	7	10	18	3739	114	158
9	55	9	12	19	6051	151	209
10	89	12	17	20	9790	200	277

Se você tomar razões de termos sucessivos da sequência de Fibonacci, como 8/5, 13/8, 21/13 e assim por diante, descobrirá que elas se aproximam do número áureo como seu limite. Por exemplo, 21/13 = 1,6153, 32/21= 1,6190 e 9790/6051 = 1,6179. Há maneiras simples de provar isso. Por razões semelhantes, o número plástico, que de agora em diante chamarei de p, e cujo valor aproximado é 1,324718, surge como o limite da razão de sucessivos números padovanos. Assim 200/151 = 1,3245. A regra de formação dos números padovanos leva à equação $p = 1/p + 1/p^2$, ou, de maneira equivalente, $p^3 - p - 1 = 0$. O número p é a única solução real para esta equação cúbica.

A sequência padovana aumenta muito mais lentamente que a sequência de Fibonacci porque p é menor que ϕ. Há muitos padrões interessantes na sequência padovana. Por exemplo, a Figura 8.2 mostra que 21 = 16 + 5, porque triângulos adjacentes ao longo de uma borda adequada têm de se unir; de maneira semelhante, 16 = 12 + 4, 12 = 9 + 3 e assim por diante. Isso nos diz que $P(n + 1) = P(n) + P(n - 4)$, uma regra alternativa para a derivação de outros termos da sequência.

De maneira correspondente, as equações $p = 1 + 1/p^4$, ou $p^5 - p^4 - 1 = 0$ devem ser satisfeitas – e não é imediatamente óbvio por álgebra que p, definido como uma solução de uma equação cúbica, deve também satisfazer esta equação *quíntica* (de quinto grau). Talvez você queira tentar descobrir por que isso ocorre.

No artigo original, salientei que alguns números, como 3, 5 e 21 são tanto de Fibonacci quanto padovanos, e perguntei: há outros assim? Se há, quantos são? Trata-se de um número finito ou infinito? Benjamin de Weger ("Sugestões de leitura") provou que esses são os únicos números que são tanto de Fibonacci quanto padovanos, juntamente com os casos triviais 0, 1 e 2. Ressaltei também que alguns números padovanos, como 9, 16 e 49 são quadrados perfeitos, e perguntei: há outros? Quantos? As raízes quadradas aqui são 3, 4 e 7 – também números padovanos. Isto é uma coincidência ou uma regra geral? Estas perguntas continuam sem resposta e merecem novos estudos.

Outra maneira de gerar os números padovanos é imitar o uso de quadrados para números Fibonacci, mas usando cuboides – caixas tridimensionais com faces retangulares. Agora obtemos uma espécie de espiral tridimensional de cuboides. Em mais detalhes: comece com um cuboide de lado 1 e ponha outro adjacente a ele. O resultado é um cuboide 1 × 1 × 2, e na face 1 × 2 acrescentamos mais um 1 × 1 × 2, obtendo um cuboide 1 × 2 × 2. Acrescente a uma face 2 × 2 um cubo 2 × 2 × 2, para formar um cuboide total 2 × 2 × 3. A uma face 2 × 3, acrescente um 2 × 2 × 3 para obter um total 2 × 3 × 4, e assim por diante. Continue o processo, sempre acrescentando cuboides na sequência a leste, sul, para baixo, a oeste, ao norte, para cima. Em cada estágio o novo cuboide formado terá no todo, como seus lados, três números padovanos consecutivos.

Uma sequência com a mesma regra de formação que os números padovanos, mas usando diferentes valores iniciais, foi estudada pelo matemático francês Édouard Lucas em 1876. Em 1899 suas ideias foram desenvolvidas por R. Perrin, e hoje a sequência é conhecida como *sequência $A(n)$ de Perrin*. Os números de Perrin diferem dos padovanos pelo fato de $A(0) = 3$, $A(1) = 0$, $A(2) = 2$. Seus valores também são mostrados na tabela. Novamente a razão de números de Perrin consecutivos tende a p, mas Lucas percebeu uma propriedade mais sutil. Sempre que n é um número primo (um número que não tem nenhum fator além de si mesmo e 1), n divide $A(n)$ exatamente. Por exemplo, 13 é primo, $A(13) = 39$ e $39/13 = 3$. De maneira semelhante, 19 é primo, $A(19) = 209$ e $209/19 = 11$.

Este teorema fornece uma maneira curiosa de testar se um número é composto, ou seja, não é primo. Por exemplo, quando $n = 18$ temos $A(18) = 158$, e $158/18 = 8{,}777$, o que não é um número inteiro. Portanto 18 deve ser composto. Podemos por conseguinte usar os números de Perrin para estabelecer se um número é ou não primo: qualquer número n que não divide $A(n)$ é composto. Uma característica curiosa deste teste é que ele não exibe realmente um divisor de n, o que é a maneira mais óbvia de provar que um número não é primo. Evidentemente, neste caso sabemos que $18 = 2 \times 3 \times 3$, mas para números maiores os fatores podem não ser tão óbvios; mesmo assim, continua sendo possível dividir $A(n)$ por n e ver o que se obtém.

Se n divide $A(n)$, deve n sempre ser primo? Isto não se segue do teorema de Lucas – da mesma maneira que "se está chovendo, fico molhado" não implica que "se fico molhado, está chovendo" (posso mergulhar num lago num dia ensolarado) –, e, de fato, a resposta é *não*. Em 1982 Jeffrey Shallit (University of Waterloo) encontrou dois números compostos que dividem o número de Perrin correspondente, a saber 271.41 e 904.631. Mais tarde encontrou um terceiro, 16.532.714. Um teste mais complicado para descobrir se um número é primo, baseado em vários números de Perrin sucessivos, também foi estudado, e até o momento não se conhecem exceções.

– 9 –
Monopólio*: um jogo justo?

Não entra grana alguma, um papagaio vence no banco, todo o seu futuro financeiro depende de um lance de dados... Parece a bolsa de valores quando as pontocom quebraram. Mas é claro que se trata de Monopólio (Monopoly®). Um jogo, sem dúvida – mas será um jogo matemático? Realmente é, como pretendo provar aqui. Neste aquecimento não vou tratar do jogo real, apenas de uma versão simplificada. Veja o próximo capítulo para os detalhes perversos.

Deve haver poucas famílias que não jogaram Monopólio, provavelmente o jogo de tabuleiro mais famoso do mundo, que envolve sorte, estratégia e implacável economia. Há aspectos matemáticos muito interessantes

* Atualmente o jogo é vendido no Brasil com o nome de Banco Imobiliário. Não há, porém, entre as versões britânica e americana do jogo, por um lado, e a brasileira, por outro, a necessária correspondência para que pudéssemos usar o Banco Imobiliário na tradução. Os imóveis não se distribuem da mesma maneira segundo seu valor, e casas como as da sorte, impostos etc. ocupam lugares diferentes no nosso tabuleiro, apresentando, portanto, probabilidades diferentes das aqui analisadas. (N.T.)

e bastante profundos associados a todos os jogos de tabuleiro desse tipo: eles formam o que um estudioso da teoria das probabilidades chamaria de cadeia de Markov, assim designada em homenagem ao matemático russo Andrei Andreievitch Markov, que inventou uma teoria geral no início do século XX.

Não vou recapitular aqui as regras do Monopólio, mas precisamos saber que os jogadores se revezam jogando um par de dados, e o número total de pontos determina quantas casas devem avançar. Uma regra determina que um participante que obtenha uma dupla (dois dados com igual número de pontos) deve jogar de novo (mas se obtiver três duplas em sequência vai para a cadeia), e uma das simplificações que farei aqui é ignorar essa regra. O mesmo tipo de análise continua aplicável se você não a ignorar, mas a matemática fica muito mais complicada – e já há complicação suficiente.

Os participantes começam na casa conhecida como "Partida" (*Go*). Todo mundo que já jogou jogos que envolvam dois dados sabe que alguns totais são mais prováveis que outros. De fato, entre todos eles, o mais provável é 7, com uma probabilidade de 1/6. Isto acontece porque, entre as 36 combinações possíveis dos pontos de dois dados, há seis maneiras de o total 7 ocorrer, a saber, 1 + 6, 2 + 5, 3 + 4, 4 + 3, 5 + 2 e 6 +1. Portanto, a probabilidade de ocorrência de 7 pontos num lançamento de dois dados é 6/36 = 1/6. Em seguida vêm 6 e 8 (probabilidade de 5/36), depois 5 e 9 (probabilidade 4/36 = 1/9), 4 e 10 (probabilidade 3/36 = 1/12), 3 e 11 (probabilidade 2/36 = 1/18), e por fim 2 e 12 (probabilidade 1/36). Assim, o mais provável é que o primeiro jogador (em muitos jogos) avance para a sétima casa adiante, que é uma casa de "Sorte-Revés" (*Chance*) – o que significa que deve tirar uma carta do baralho de "Sorte-Revés" e obedecer ao que ela diz. Mais uma vez, para manter a análise simples, começarei supondo que as instruções da carta *não* são obedecidas. Imediatamente antes e depois dessa casa, apenas ligeiramente menos prováveis que ela, estão "The Angel Islington" e "Euston Road". Portanto o primeiro jogador tem uma excelente oportunidade de adquirir imóveis num desses dois desejáveis locais, e, nesse caso, os demais jogadores têm reduzidas as suas chances de comprar um imóvel na primeira jogada.

Esta é sem dúvida uma das razões por que os criadores do jogo puseram os imóveis baratos (com aluguéis baixos) perto do início. As realmente caras, mas lucrativas, "Park Lane" e "Mayfair" estão muitas jogadas adiante no tabuleiro, numa altura em que – presumivelmente – as probabilidade terão se equilibrado.

Mas terão de fato?

Há duas versões desta pergunta. Uma é uma versão simplificada que não se aplica ao jogo real sem alterações significativas, mas tem a virtude de ilustrar a abordagem da cadeia de Markov em um caso no qual as equações podem ser facilmente resolvidas. A segunda é a pergunta real referente ao jogo real, com suas inúmeras complicações; ela também se presta à abordagem da cadeia de Markov, mas os cálculos são extensos e requerem um computador. Tratarei da versão simplificada neste capítulo, para explicar os princípios, e passarei ao jogo real no próximo.

Para enfrentar a versão simplificada de minha pergunta, introduzirei ainda mais uma simplificação. Em vez de considerar o lançamento de dois dados, vou imaginar que eles são lançados um de cada vez. Assim, cada jogador faz dois movimentos: um primeiro movimento "fantasma" – em que não considera o que está escrito na casa resultante –, seguido por um segundo movimento, este "real". Como o que nos interessa é o fluxo das probabilidades e estamos desconsiderando as instruções de "Sorte/Revés" e de "Fundo de Assistência" (Community Chest) , é legítimo dividir os movimentos do jogo em dois passos.

A Figura 9.1 mostra a visão que um matemático tem do tabuleiro, interpretado da seguinte maneira. As linhas unem cada casa (representada por uma rodela) a cada uma das seis seguintes no sentido horário. Usarei este diagrama para responder às perguntas mais simples sobre a "justiça" fundamental do jogo: após um grande número de lançamentos dos dados, todas as casas se tornam de fato igualmente prováveis? Acabamos de ver que isso *não* é verdade depois da jogada de um jogador (dois lançamentos, um fantasma mais um real). E também não é verdade no jogo real, mesmo para um grande número de lançamentos, como veremos no próximo capítulo.

Por conveniência, numeramos as casas de 0 a 39, com 0 = "Partida". A sequência continua, com 40 ocupando a casa zero, e podemos pensar

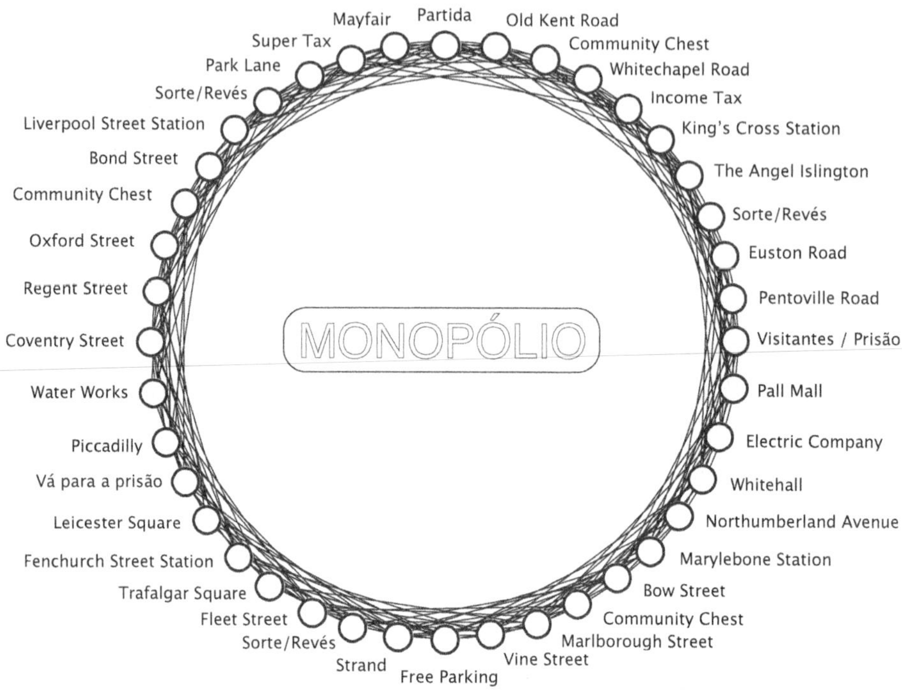

Figura 9.1
O tabuleiro de Monopólio (versão simplificada)
na visão de um matemático (versão simplificada).

nos números como contados *modulo* 40 – o que significa que qualquer coisa maior que 39 pode ser substituída por seu resto quando dividida por 40. Agora podemos imaginar um único jogador lançando repetidas vezes um único dado e movendo-se de acordo com os lances, repetidamente. A questão-chave é: qual a probabilidade de ele parar numa dada casa após um dado número de lances? Seria de esperar que, quando o número de lances ficasse grande, a probabilidade ficasse muito próxima de 1/40, para qualquer das 40 casas. Isto é, deveriam se tornar todas (quase!) igualmente prováveis.

Para calcular essas probabilidades, devemos ver como a distribuição de probabilidades "flui" à medida que um número crescente de dados é lançado. Cada distribuição pode ser representada por uma sequência de

40 números: as probabilidades de cair nas casas 0, 1, 2, ..., 39 respectivamente. No início, o jogador tem probabilidade 1 de estar na casa 0 ("Partida"), isto é, estará nela sempre. Portanto a distribuição de probabilidade tem o aspecto

1, 0, 0, 0, ..., 0

Com 1 na casa zero e 39 zeros nas outras.

Após um único lance (fantasma), a distribuição passa a ser

0,1/6,1/6,1/6, ..., 0, ..., 0

Isto é, a probabilidade de parar em cada uma das casas 1, 2, 3, 4, 5 e 6 é 1/6, e o jogador não tem como chegar a nenhuma das outras.

Note que a probabilidade total de 1, originalmente concentrada na casa 0, foi dividida em seis partes iguais, e estas foram deslocadas para as casas 1, 2, 3, 4, 5 e 6 unidades adiante. Este é um procedimento completamente geral. A cada lance do dado, a probabilidade de uma dada casa é dividida por 6, e essas seis partes iguais fluem para cada uma das seis casas seguintes, no sentido horário. Assim, no lance seguinte, a probabilidade 1/6 na casa 1 é redistribuída da seguinte maneira:

0, 0, 1/36, 1,36, ..., 0, ..., 0

As probabilidades 1/6 nas casas 2-6 são distribuídas da mesma maneira, mas deslocadas para uma casa adiante a cada vez:

0, 0, 0, 1/36, 1,36, ..., 0, ..., 0
0, 0, 0, 0, 1/36, 1,36, ..., 0, ..., 0
0, 0, 0, 0, 0, 1/36, 1,36, ..., 0, ..., 0
0, 0, 0, 0, 0, 0, 1/36, 1,36, ..., 0, ..., 0
0, 0, 0, 0, 0, 0, 0, 0,1/36, 1,36, ..., 0, ..., 0

Finalmente, somamos as probabilidades que caíram em cada casa particular. Por exemplo, a casa seis (o sétimo termo em cada sequência) adquire 1/36 de cada uma das cinco primeiras sequências, mas 0 da última, portanto, o total é 5/36. O resultado final é

0, 0,1/36, 2/36, 3/36, 4/36, 5/36, 6/36, 5/36, 4/36, 3/36, 2/36, 1/36, 0, ... , 0

Isso corresponde às nossas expectativas para o lançamento de dois dados.

Mas agora podemos continuar. No terceiro lance (fantasma), multiplicamos cada termo da sequência que acabamos de calcular por 1/6, e os movemos por 1, 2, 3, 4, 5 e 6 termos. Depois somamos os números em cada casa para obter a distribuição da probabilidade após três lances. E assim sucessivamente. Ao fazer isto, é fundamental lembrar que tudo que ultrapassa a casa 39 prossegue da casa zero em diante.

É fácil escrever um programa de computador para calcular, uma por uma, essas distribuições de probabilidade. Os resultados são apresentados graficamente na Figura 9.2, começando com a distribuição "triangular" obtida no segundo lance. Em cada lance subsequente, o gráfico de proba-

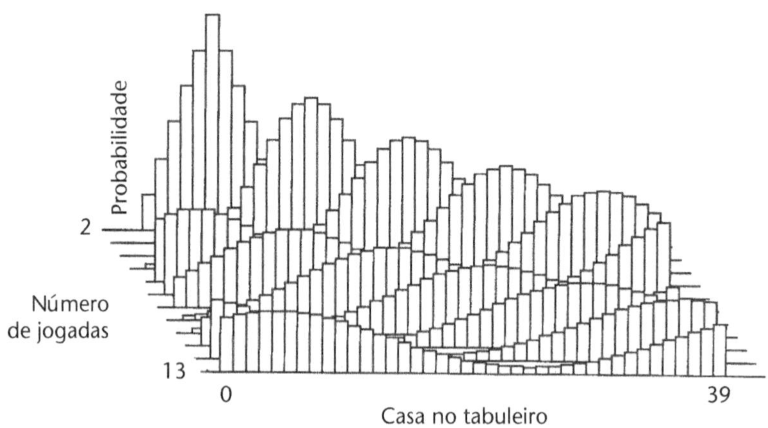

Figura 9.2
A distribuição de probabilidades ao longo das 40 casas, e como ela muda a cada lance sucessivo do dado. A altura de cada barra mostra a probabilidade de se cair na casa correspondente; os gráficos para os lances 2-13 estão dispostos em três dimensões de trás para frente.

bilidade avança mais um passo na figura. Você pode ver o pico de probabilidade deslocar-se várias casas à direita a cada passo (de fato, em média ele se desloca 3,5 casas, o valor médio dos números 1, 2, 3, 4, 5, 6). A forma triangular abrupta inicial vai se arredondando e alargando. Mesmo depois dos primeiros 13 lances, a distribuição não fica nem de longe uniforme, mas se a tendência mostrada na figura persistir, o pico acabará por se achatar completamente, e todos os valores ficarão quase iguais. Se você continuar a simulação por computador, descobrirá que isso realmente acontece. Mas seria interessante compreender *por que* a simulação faz isso.

Uma abordagem possível é apelar para a intuição física. Retorne à Figura 9.1 e imagine que as probabilidades estão representadas por uma carga elétrica. No início do jogo, uma carga total de 1 está concentrada na casa 0. A cada lance subsequente do dado, a carga em cada casa se divide em seis partes iguais, e essas partes fluem ao longo das linhas da figura para cada uma das seis casas seguintes. Temos um polígono com 40 vértices, e as linhas de fluxo parecem exatamente iguais, seja qual for o vértice em foco. Isto é, a figura inteira é simétrica sob rotações do polígono. Portanto, o único estado estacionário deve também ser simétrico sob todas as rotações. Mas isso significa que a carga em estado de equilíbrio em cada vértice é a mesma, e como a carga total é conservada, acabaremos necessariamente com a carga 1/40 em cada vértice. Reinterpretando carga como probabilidade, verificamos que a distribuição se estabiliza em direção a um estado de equilíbrio em que cada casa tem a probabilidade 1/40.

Mas essa argumentação, por mais provável que seja, não é uma prova. Para isso, precisamos da teoria de Markov, que fornece um método sistemático para rastrear o fluxo de probabilidade. Ela começa registrando a "matriz de transição" para a rede mostrada na Figura 9.1, que é uma tabela quadrada de 40 × 40 com fileiras e colunas numeradas de 0-39. A entrada na fileira r e na coluna c dessa tabela é a probabilidade de deslocamento, em um passo, da casa r para a casa c. Esta é 1/6 se $c = r + 1, r + 2, \ldots, r + 6$ (*modulo* 40), e de outro modo é 0. Chamemos esta matriz de transição de M.

Segue-se um cálculo técnico, feito com o uso de M, e resumido no quadro "A mágica matricial de Markov", cujo resultado é que, no final, a distribuição de probabilidade fica realmente tão próxima quanto desejamos de

1/40, 1/40, 1/40, 1/40,...,1/40

Isto é, a probabilidade de parar em qualquer casa dada é a mesma. Assim, com uma pequena ajuda de Markov, podemos *provar* que um jogo complicado como Monopólio é justo, no seguinte sentido: no final, não há uma probabilidade maior ou menor de se cair em nenhuma casa particular. É claro que o primeiro jogador continua tendo uma pequena vantagem, mas isso é mitigado pelo caráter finito de seu saldo bancário.

Como eu disse, essa igualdade de probabilidades é encontrada na versão idealizada do jogo. Como veremos no próximo capítulo, quase certamente não está presente no jogo real. Em particular, no jogo real, a casa "Vá para a prisão" (*Go to jail*), produz uma distribuição de probabilidade distorcida. De fato, a casa "Prisão" (*Jail*) é uma das mais frequentemente visitadas – um comentário interessante, mas provavelmente não intencional sobre o mundo dos negócios –, com uma probabilidade de 5,89% quando comparada ao valor "equidistribuído" de 2,5% (ou 2,44% se distinguirmos "Visitantes", *Just visiting*, e "Prisão", o que parece razoável, seja no mundo dos negócios ou fora dele). A casa seguinte com maior probabilidade é "Trafalgar Square", com 3,18%. A casa visitada com menor frequência é a terceira casa de "Sorte/Revés" a partir da casa inicial "Partida", com probabilidade de 0,871, sem contar "Vá para a prisão", que não é realmente *visitada*, porque nela o jogador é despachado para a cadeia.

Talvez você queira tentar aplicar o mesmo tipo de análise ao jogo Cobras e Escadas*, supondo que, assim que você cai numa cobra, desliza para sua cauda, assim que cai numa escada, sobe até o topo, e quando chega ao fim, fica lá. Pois bem, nesse caso a distribuição a longo prazo *não* tem probabilidades iguais. Como você pensa que ela é?

E aqui está um problema mais complicado, que sugiro que você enfrente com uma simulação de computador, a menos que seja um verdadeiro ás da álgebra matricial. Qual é a distribuição de probabilidade a longo prazo nas casas do jogo Cobras e Escadas se você emendar a casa "Fim" com a casa "Saída" e continuar?

---

* Jogo de tabuleiro envolvendo caminhos alternativos, introduzido na Inglaterra no final do século XIX e muito popular nos EUA. (N.T.)

A mágica matricial de Markov

Seja *M* a matriz de transição. O primeiro passo é calcular um conjunto de 40 números chamados os "autovalores" de *M*. (Um número *m* é um autovalor de *M* se você puder escrever 40 números nos 40 vértices da rede, de tal modo que, quando você divide cada um em seis e o deixa fluir ao longo das seis linhas que emanam desse vértice no sentido horário, os números resultantes são exatamente *m* vezes o tamanho dos números com que você começou. Ufa! É realmente bem mais simples expressar isto com símbolos: $Mv = mv$ para algum *v*.) Mas há uma alteração: esses números não precisam mais ser probabilidades – números reais entre 0 e 1; devem ser números complexos, expressos com o uso do número $i = \sqrt{}\,- 1$.

A sequência formada por esses 40 números, diga-se de passagem, é chamada um "autovetor".

Agora, diz Andrei Andreievitch, a única coisa que você precisa fazer é encontrar o maior autovalor entre os 40 que calculou. Com isso a distribuição de probabilidade, no final, será tão aproximada quanto você queira pelo autovetor correspondente – "normalizada" de modo que suas entradas somem 1, como o fariam probabilidades genuínas. (Isso significa apenas que você divide cada entrada pelo total.)

Por causa da simetria rotacional da Figura 9.1, realmente não é difícil encontrar os autovalores e os autovetores. Em particular, um autovetor tem o aspecto

1/40, 1/40, 1/40, 1/40, ..., 1/40

com todas as 40 entradas iguais a 1/40. Qual é seu autovalor? Bem, suponha que você comece dessa distribuição, divida cada 1/40 em seis pedaços iguais, de tamanho 1/240, e empurre-os ao longo de suas seis linhas no sentido horário. Cada vértice recebe exatamente seis contribuições: uma de cada um dos seis vértices precedentes. Portanto isso termina com $6 \times 240 = 1/40$ novamente. Isto é o que um autovetor deveria fazer, e neste caso o autovalor é 1.

Não vou lhe dizer quais são os outros 39 autovalores, cujas expressões são bonitas para os matemáticos (só para eles). Mas um cálculo mostra que são todos menores (em valor absoluto, para os puristas) que 1. De fato, o maior a seguir tem o valor absoluto 0,964. Assim, 1 é o maior autovalor, e seu autovetor

1/40, 1/40, 1/40, 1/40,..., 1/40

representa realmente o estado da distribuição de problema a longo prazo.

– 10 –
Monopólio: o jogo real

Passemos agora para o jogo Monopólio real, muito mais complicado – tanto assim que nem o método da cadeia de Markov é capaz de captar todas as suas nuances. Mas ele pode mostrar que a casa visitada com mais frequência é "Prisão", com uma probabilidade de cerca de duas vezes maior que a de qualquer outra casa. E o destino menos provável é a terceira casa de "Sorte/Revés". A coisa fica realmente divertida quando tentamos modelar matematicamente as transações com propriedades. Quando e onde você deveria construir uma casa ou um hotel?

No capítulo anterior examinamos um modelo matemático simplificado do jogo Monopólio, perguntando se o acúmulo de probabilidades produzido a cada jogador que começa na casa "Partida" acaba por se igualar. A análise depende de vários pressupostos simplificadores, desconsiderando o resultado do lançamento de dois dados, o efeito da casa "Vá para a prisão", as cartas de "Sorte/Revés" e assim por diante.

Evidentemente não se tratava de uma análise do jogo Monopólio real, e não pretendia ser quando escrevi o artigo original em abril de 1996.

Nem por isso fãs irados de Monopólio deixaram de me escrever para expressar sua indignação, com graus variados de (im)polidez, mas isso teve um aspecto positivo: os mais perspicazes enviaram-me suas análises do jogo. Trato agora de expô-las para a edificação geral, como fiz em outubro daquele mesmo ano.

Como você logo verá, os métodos que apliquei à minha versão simplificada podem ser facilmente modificados para abranger o conjunto completo das regras do jogo. Nesse caso, por que não fiz simplesmente isso? Como o jogo real é um pouco arrevesado demais para revelar bem a matemática que estou usando para analisá-lo, julguei que seria melhor fazer um aquecimento com alguma coisa mais simples, embora correlata. Lembre-se da ideia básica: representar o jogo como uma cadeia de Markov, uma matriz de probabilidades de transição, e depois calcular os "autovalores" e os "autovetores" dessa matriz. A teoria de Markov implica portanto que as probabilidades de longo prazo de se cair em qualquer casa determinada são dadas pelo autovetor com o maior autovalor.

O modelo simplificado tem uma bela simetria matemática, o que torna possível calcular os autovalores e autovetores *com exatidão.*

Não expus as fórmulas, mas a simetria permitiu-me ilustrar um aspecto da teoria, mostrando que o vetor cujas entradas são todas 1/40 é realmente um autovetor e autovalor igual a 1. Afirmei então que todos os autovalores restantes são menores que 1 (o que decorre da fórmula exata), dando assim ao leitor o esquema de uma prova de que, no modelo simplificado, as probabilidades de longo prazo são as mesmas para todas as casas.

É legítimo fazer uma simplificação abrangente como esta? Em geral, meu principal objetivo é mostrar que matemática é *interessante.* A utilidade é uma virtude secundária, e, assim, muitas questões práticas são frequentemente negligenciadas. Por exemplo, o capítulo 4, sobre a Lei de Murphy, supõe que as torradas têm espessura zero. De verdade, elas têm uma espessura definida, mas isso não quer dizer que os matemáticos não saibam como são as torradas. Significa apenas que, nessa ocasião, eles preferiram deixar de lado esse aspecto complicador. Assim, também, é razoável negligenciar algumas regras de Monopólio, para manter a narrativa matemática simples e ilustrar o papel da simetria.

Não é razoável deixar as regras de lado, no entanto, quando estamos tentando compreender o jogo Monopólio *real*, ou empenhados em ilustrar a utilidade da matemática por meio de sua aplicação a esse jogo. É isso que faremos agora, usando os mesmos princípios, mas enfrentando um trabalho muito maior. A descrição simplificada estabeleceu todos esses princípios num caso em que podiam ser compreendidos sem tecnicidades excessivas.

Lembre-se de que o problema consiste em calcular a *probabilidade* de se cair numa casa particular, depois que o jogo foi jogado por várias rodadas e as probabilidades se estabilizaram num "estado de equilíbrio". Usamos novamente o método da cadeia de Markov, mas agora a matriz de probabilidades de transição não é tão bonita, e em vez de encontrar uma fórmula exata, devemos recorrer a aproximações numéricas. Muitos dos meus correspondentes resolveram o problema de maneira sensata, usando álgebra computacional; outros simularam o jogo para um número imenso de movimentos e obtiveram estimativas empíricas.

As análises mais extensas vieram de William Butler, de Portsmouth; Thomas H. Friddell, um engenheiro da Boeing de Maple Valley; e Stephen Abbot do Departamento de Matemática do St. Olav College, em Northfield, que enviou algum trabalho feito em colaboração com seu colega Matt Richey. Butler escreveu um programa na linguagem Pascal, Friddell usou o Mathcad e Abbot usou o Maple. A discussão que se segue é uma síntese dos resultados a que eles chegaram. Todos os modelos do Monopólio estabelecem algum pressuposto quanto ao grau de detalhe que incorporam; houve diferenças insignificantes nos pressupostos adotados pelos vários correspondentes e vou ignorá-las.

A primeira modificação de meu modelo simplificado é levar plenamente em conta as regras para o lançamento dos dados. Um par de dados é lançado, e se o resultado for uma dupla, o jogador joga de novo; com três duplas consecutivas, porém, ele vai para a prisão. O lançamento dos dados é, em si mesmo, uma minúscula cadeia de Markov, e pode ser resolvido pelo método usual. O resultado está na Figura 10.1, um gráfico da probabilidade de se mover para qualquer distância dada a partir da posição atual. Observe que a distância mais provável é 7, mas que um jogador pode se mover para até 35 casas adiante (jogando 6:6, 6:6, 6:5). No entanto, as probabilidades de deslocamentos de mais de 29 casas são tão pequenas que não figuram no gráfico.

Em seguida é preciso incluir o efeito da casa "Vá para a prisão". As regras relacionadas à prisão, aliás, geram um problema, porque os jogadores podem escolher entre pagar para sair dela ou ficar e tentar fazer duplas para escapar. (Em estágios posteriores, quando a cadeia se torna um refúgio contra aluguéis elevados, eles podem também ficar e esperar *não* fazer duplas!) Como as probabilidades associadas a essa escolha dependem da psicologia e do dinheiro do jogador, o processo não é markoviano. A maioria dos correspondentes contornou isso supondo que o jogador não paga para sair da prisão. Nesse caso "Prisão" se torna menos uma casa isolada que um subprocesso markoviano – conceitualmente, uma série de três casas em que os jogadores passam de "Recém-chegado à prisão" para "Na prisão já por uma jogada" e para "Deve sair na próxima jogada". É claro que a casa "Vá para a prisão" propriamente dita tem probabilidade zero, porque ninguém pode realmente *ocupá-la*.

O passo seguinte é modificar a matriz de probabilidades de transição para levar em conta o efeito de cartas "Sorte-Revés" e "Fundo de Assistência", que podem mandar um jogador para a prisão ou para alguma outra posição no tabuleiro. Isso pode ser feito de maneira bastante simples,

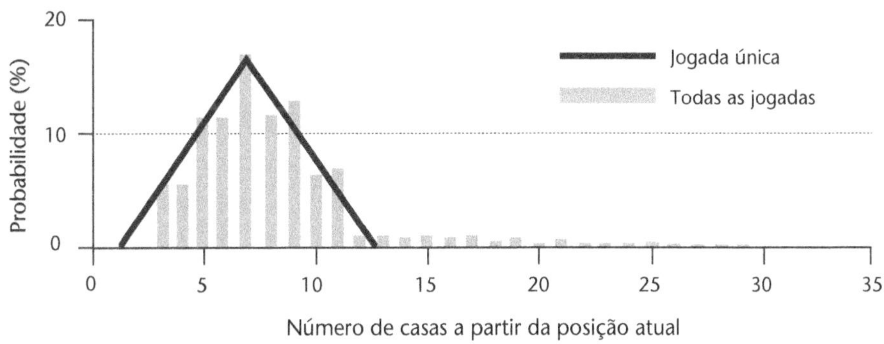

Figura 10.1
Probabilidades que o jogador tem de se deslocar um dado número de casas numa jogada, levando em conta as regras referentes a duplas.

contando-se que proporção dessas cartas envia o jogador para qualquer casa dada.

Tendo estabelecido uma matriz de transição precisa, as probabilidades em estado de equilíbrio podem ser encontradas seja por meio de uma computação numérica de autovalores e autovetores, seja pelo cálculo do efeito da realização de um grande número de movimentos em sucessão pelo cálculo dos efeitos das potências M^2, M^3, ... da matriz de transição M. Matematicamente, esses dois métodos são equivalentes, graças ao teorema geral de Markov, que relaciona as potências de M ao autovetor com maior autovalor.

As probabilidades de se ocupar diferentes casas, expressas na forma de porcentagem e com precisão de nove casas decimais, são mostradas na Tabela 2 e representadas graficamente na Figura 10.2. A característica que mais chama a atenção é que os jogadores têm quase duas vezes mais chances de ocupar a casa "Prisão" (5,89%) que qualquer outra; em seguida a casa mais frequente é "Trafalgar Square" (3,18%). Entre as ferrovias, "Fenchurch Street" é a mais frequentemente ocupada (3,06%), e "Marylebone" (2,91%) vem logo em seguida; no entanto, a probabilidade de se ocupar "Liverpool Street" é muito menor (2,44%). A razão é que, ao contrário das outras, ela não figura numa carta "Sorte/Revés". Entre as empresas, "Water Works" (2,81%) é a vencedora, com "Electric Company" (2.62%) sendo marginalmente menos provável. "Partida" é a terceira casa mais provável, e a terceira casa "Sorte-Revés" (0,87%) a menos provável – exceto por "Vá para a prisão" (0% de ocupação por necessidade lógica).

Friddell foi mais adiante e analisou o mercado imobiliário configurado no jogo, realmente o que o torna interessante. Seu objetivo era encontrar o ponto em que, na compra de propriedades, o retorno dos investimentos começava a exceder os custos – e descobrir as melhores estratégias para a compra de casas e hotéis. As exigências do mercado imobiliário dependem do número de jogadores e também da versão das regras utilizada. Supondo que seja possível comprar propriedades desde o início – como acontece na versão simplificada, alguns princípios gerais emergem:

- Embora custe mais comprar casas no início, o investimento começa a dar retorno mais cedo se você o fizer.

Tabela 2
Probabilidade em estado de equilíbrio de se ocupar qualquer casa dada

Casa	Probabilidade (%)	Casa	Probabilidade (%)
PARTIDA	3,113802817	FREE PARKING	2,874825933
OLD KENT ROAD	2,152421585	STRAND	2,830354362
COMMUNITY CHEST	1,889769064	SORTE / REVÉS	1,047696537
WHITECHAPEL ROAD	2,185791454	FLEET STREET	2,738576558
INCOME TAX	2,350777226	TRAFALGAR SQUARE	3,187794862
KINGS CROSS STN	2,993126856	FENCHURCH ST STN	3,063696501
THE ANGEL ISLINGTON	2,285359460	LEICESTER SQUARE	2,706510944
SORTE / REVÉS	0,8760265658	CONVENTRY STREET	2,679312587
EUSTON ROAD	2,347010651	WATER WORKS	2,810736815
PENTONVILLE ROAD	2,330647102	PICCADILLY	2,591184852
VISITANTE / PRISÃO	5,896419869	VÁ PARA A PRISÃO	0
PALL MALL	2,735990819	REGENT STREET	2,686591663
ELECTRIC COMPANY	2,627460909	OXFORD STREET	2,633846362
WHITEHALL	2,385532814	COMMUNITY CHEST	2,376569966
NORTHUMBERL'D AVE	2,467374766	BOND STREET	2,510469546
MARYLEBONE STN	2,918611720	LIVERPOOL ST STN	2,445895703
BOW STREET	2,776751033	SORTE / REVÉS	0,8715029109
COMMUNITY CHEST	2,571806811	PARK LANE	2,202178226
MARLBOROUGH ST	2,916516994	SUPER TAX	2,193106960
VINE STREET	3,071024294	MAYFAIR	2,646925903

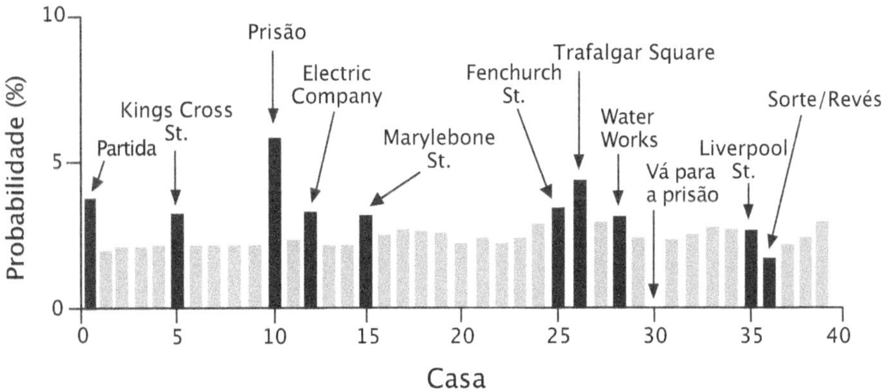

Figura 10.2
A distribuição de probabilidade em estado de equilíbrio: as casas do tabuleiro são numeradas 1-40, e a altura de cada barra é a probabilidade a longo prazo de se ocupar essa casa.

- Com duas propriedades ou menos, são tipicamente necessários cerca de 20 movimentos ou mais para se ter retorno. Três propriedades produzem uma melhoria indubitável.
- Entre "Partida" e "Fleet Street", a casa de propriedade que começa a dar retorno mais rapidamente para três imóveis é "Vine Street", que o faz em cerca de dez jogadas.

As propriedades situadas após Fleet Street não foram avaliadas. Friddell diz que parou porque nunca teve esperança de chegar a publicar seus resultados. Aqui está uma amostra das análises técnicas de Friddell sobre propriedades, aplicada a Vine Street. A Figura 10.3 mostra a probabilidade que tem um jogador de ocupar essa propriedade numa dada jogada. A Figura 10.4 mostra como o valor global da propriedade (valores negativos são desembolso de capital) depende do número de jogadas desde que ele foi adquirido. Há seis gráficos, dependendo de quantas casas/hotéis há na rua.

Muitos outros leitores enviaram-me observações interessantes, e só posso mencionar um pequeno número. Simulações feitas por Earl A. Paddon, de Maryland Heights, e cálculos de David Weiblen de Freetown, confirmaram o padrão de probabilidades. Weiblen ressalta que essas probabilidades não afetam realmente o grau de "justiça" do jogo, porque todos os participantes enfrentam a mesma situação. (Eu tinha pensado em "justo" no sentido de não tendencioso, mas vale a pena elucidar o

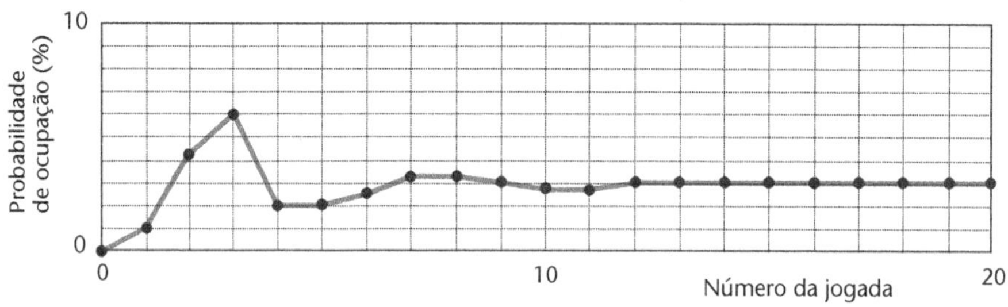

Figura 10.3
Probabilidade de se ocupar Vine Street numa dada jogada.

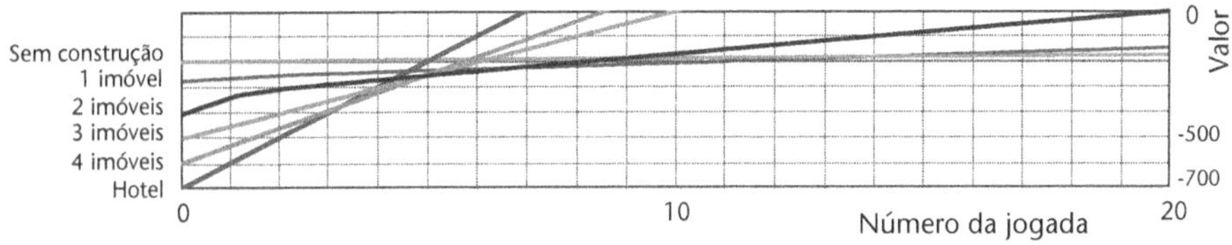

Figura 10.4
Fluxo de caixa médio para propriedades em Vine Street

sentido e concordo inteiramente.) Desenvolvendo esta ideia, ele observa: "Se as recompensas por se cair em casas de baixa probabilidade fossem desproporcionais a essa probabilidade reduzida, aí sim haveria um problema. Quando um jogador obtém uma grande vantagem num jogo por pura sorte, o jogo é injusto." Mas conclui que o Monopólio não é injusto nesse sentido.

Bruce Moskowitz de East Setauket acrescentou mais uma dimensão à análise, observando: "Na minha juventude, joguei Monopólio muitas vezes com meus irmãos e amigos, e todos nós sabíamos que as propriedades de cor marrom, "Bow Street", "Marlborough Street" e "Vine Street", são especialmente valiosas porque a probabilidade de se cair numa delas após da prisão é relativamente alta." Esta análise é confirmada teoricamente, pois todas essas propriedades figuram entre as 12 mais na lista de probabilidades. A possibilidade de se cair em várias outras propriedades é também maior que a normal, por outras razões.

Jonathan Simon de Cambridge, repreendeu-me por sugerir que propriedades baratas foram postas perto do início para ajudar a equilibrar o jogo. "Monopólio foi ... criado durante a Grande Depressão, por um único *designer*, Charles Darrow, com muito mais tempo livre do que desejaria. Sob as aparências exteriores de opulência, das figuras de homens gordos e ricos que o ilustram, é (disfarçadamente) um jogo de um homem pobre. Praticamente todas as vezes que Monopólio é jogado, ... as propriedades 'baratas' acabam se revelando as mais decisivas para o estabelecimento de um monopólio. Dado o saldo limitado de cada jogador, são os grupos 'Vine Street', 'Northumberland Avenue', 'Pentonville Road', e até, sim, 'Whitechapel Road', que podem ser formados relativamente cedo para criar um desequilíbrio. Quanto às propriedades 'lucrativas', ... é dispendioso mantê-las e proibitivamente caro construir nelas sem uma fonte de renda fornecida pela propriedade de um grupo barato com casas."

Está feito o registro. Mesmo assim, eu diria que inserir uma propriedade lucrativa na primeira metade do jogo seria claramente injusto pelo critério de Weiblen, de que nenhum jogador deveria ter uma grande vantagem unicamente por sorte. E não estou convencido de que comprar grande quantidade de propriedades baratas e alugá-las seja a estratégia de um pobre!

- 11 -
Guia de navegação entre calendários

Se você acha complicado o nosso calendário usual, com suas regras esquisitas para anos bissextos, que dizer do antigo calendário hindu, baseado num ciclo de exatamente 1.577.917.500 dias? Ou do calendário chinês, em que um ano pode conter 12 ou 13 meses? Por que há tantos calendários e por que são todos uma solução de compromisso? Porque um calendário que corresponda aos verdadeiros ciclos celestes é uma impossibilidade matemática.

Em 46 a.C. o calendário romano estava ficando fora de sincronia com as estações do ano. A conselho do astrônomo grego Sosígenes, Júlio César introduziu um dia extra no ano a intervalos de quatro anos para dar a eles um tamanho médio de 365¼ dias – os chamados anos bissextos. Compreendendo mal a regra, seus sacerdotes passaram a contar o quarto ano de um ciclo como o primeiro do seguinte, de modo que se passou a ter um ano bissexto a cada *três* anos. Só depois de 50 anos o erro foi plenamente detectado. A despeito de toda a nossa suposta sofisticação, não aprendemos com os sacerdotes de César, como o demonstra o caso do "*Bug* do Milênio", em que se revelou que grande parte dos computadores do mundo era incapaz de fazer face a qualquer data posterior a 31 de dezembro de 1999 e interpretaria 2000 como 1900. De fato, a maioria deles – os que usavam o sistema operacional mais difundido – não eram sequer capazes de lidar bem com a regra correta para os anos bissextos. No caso, os aviões não despencaram do céu um minuto depois da meia-noite de 31 de dezembro de 1999, como foi amplamente previsto. Ah, e o milênio começou na verdade em 1º de janeiro de 2001, não de 2000, porque nunca houve um ano zero, embora a maioria das pessoas não goste de ser lembrada disto.

Não precisamos cometer o mesmo erro mais uma vez. Cerca de dez anos atrás Nachum Dershowitz e Edward M. Reingold, do Departamento de Ciência da Computação da Universidade de Illinois, em Urbana-Champaign, resolveram desenvolver características de calendário e diário para o editor GNU-Emacs, baseado no Unix. Desse projeto nasceu um recurso extraordinário: um código computacional que permite converter datas de um sistema de calendário em outro. Eles escolheram atender a 14 calendários: gregoriano, ISO*, juliano, copta, etíope, islâmico, persa, bahá'í, hebraico, maia, revolucionário francês, chinês, hindu antigo e hindu moderno. O livro que publicaram, *Calendrical Calculations* ("Sugestões de leitura") é uma verdadeira mina de ouro para os cronologistas.

Os calendários variam de cultura para cultura porque são, todos, tentativas de realizar o impossível: racionalizar o irracional. Nossas unidades de tempo são baseadas em três ciclos astronômicos distintos: o dia, o mês e o ano. Um *dia solar médio* de 24 horas é o período entre sucessivas ocasiões em que o Sol está a pino. (Uma rotação em seu eixo, relativa às "estrelas fixas", leva 23 horas, 56 minutos e 4 segundos; mas a Terra está girando também em torno do Sol, e a rotação extra precisa de mais quatro minutos para compensar o caminho aparente do Sol pelo céu.) O período

* O calendário da ISO, International Organization for Standartization, foi criado em 1988 para regularizar a notação de datas e horas em documentos administrativos, científicos, comerciais e industriais. (N.T.)

entre sucessivas luas novas é o *mês sinodal médio*, que dura 29,53058883 dias. O período exigido para que o Sol retorne à mesma posição em sua trajetória aparente é o *ano trópico médio* de 365,242189 dias.

Se o mês tivesse 29,5 dias, e o ano 365,25, a Lua repetiria seu movimento exatamente a cada 59 dias (2 × 29,5), e o Sol a cada 1.461 dias (4 × 365,25). Assim, a cada 86,199 dias (59 × 1461) o sistema Terra-Lua-Sol retornaria precisamente à mesma posição relativa. Um calendário com um ciclo de 86.199 dias permaneceria em dia para sempre – desconsiderando mudanças lentas nos tamanhos do dia, mês e ano causadas por forças como a atração das marés. Lamentavelmente, para os projetistas de calendários, as razões entre dias, meses e anos comportam-se como números irracionais: não podem ser expressos como frações exatas. (Pelo menos, não se usando números inteiros pequenos: 29.530.588.853/1.000.000.000 levaria a um ciclo inviavelmente longo.) Assim, na prática, os ciclos lunar e solar nunca retornam *exatamente* ao mesmo estado exatamente na mesma hora do dia.

Como o dia é central na marcação do tempo por causa do ciclo dia-noite, o mês lunar é importante para muitas culturas por razões religiosas, e como o ano determina o ciclo das estações, um calendário abrangente deve incluir os três elementos. Na prática, a maior parte das culturas opta por um calendário solar, e deixa de lado a questão dos meses, ou opta por um lunar, e desconsidera problemas com as estações. Seja qual for a escolha, o projetista do calendário deve encontrar maneiras práticas de lidar com pequenos erros cumulativos, daí a complicada parafernália de dias bissextos, meses de tamanho variável ("Thirty days hath September..."),* e assim por diante. Para descobrir o quanto isso pode ficar complexo, você deveria consultar um exemplar de *Calendrical Calculations* ou visitar sua *home page*:

http://emr.cs.iit.edu/~reingold/calendar-book/second-edition

* Primeiro verso de um poeminha rimado: "Thirty days has September, / April, June and November; / All the rest have thirty one, / Excepting February alone; / And it has twenty-eight days time, / But in leap years February has twenty-nine." (Trinta dias tem setembro/ abril, junho e novembro;/ Todo o resto tem trinta e um,/ exceto fevereiro;/ Ele tem vinte e oito dias,/ Mas nos anos bissextos, fevereiro tem vinte e nove.) (N.T.)

Tentarei aqui transmitir alguma coisa do sabor único e fascinante dessa obra, mas passarei por cima de muitas questões sutis.

O sistema de calendário mais simples desconsideraria anos e meses e numeraria dias consecutivos, escolhendo alguma "época" conveniente (dia de início). Os astrônomos usam um sistema como este, o dia juliano, mas Dershowitz e Reingold preferem uma invenção deles mesmos: a "data fixa" ou "*rata die*", abreviada como RD. O dia 1 do sistema RD é 1º de janeiro do ano 1 do calendário gregoriano, o que usamos atualmente. Como não houve realmente um ano 1 no calendário gregoriano, pois este foi introduzido em 1582 pelo papa Gregório XIII, extrapolamos para trás. Esse dia particular foi uma segunda-feira, o que é conveniente, porque podemos considerar que o dia 0 foi o domingo anterior e numerar os dias da semana de 0 a 6 a partir do domingo. *Calendrical Calculations* usa o valor RD como um sistema comum de referência: por exemplo, para converter uma data no calendário hebraico para uma no calendário chinês, devemos convertê-la em RD e depois de RD para a data do calendário chinês. Dessa maneira, apenas 28 funções de conversão (uma em cada direção para cada um dos 14 calendários) são necessárias.

Aqui estão dois problemas simples, de aquecimento, que exemplificam o tipo de matemática requerida:

1. Que dia da semana será 1.000.000 RD?
2. Quantos anos trópicos médios completos transcorrerão entre 0 e 1.000.000 RD?

Para responder à pergunta 1, observe que os dias da semana formam um ciclo de comprimento sete que se repete consecutivamente como mostrado na Figura 11.1. Portanto qualquer RD múltiplo de 7 deve ser um domingo, qualquer RD que deixe um resto 1 numa divisão por 7 é uma segunda-feira, e assim por diante. Dizemos que o número do dia é o número do RD *modulo* 7. A palavra latina *modulo* significa "para o *modulus*"(ou "para o módulo"): x mod 7 significa "encontre o resto ao dividir x por 7". Como 1.000.000 = 7 × 142.857 + 1, esse resto é 1 quando x = 1.000.000, portanto, o dia 1.000.000 é uma segunda-feira.

Para responder à pergunta 1, divida 1.000.000 por 365,242189 para obter 2.737,9094. Isto nos diz que 1.000.000 RD ocorre 2.737 anos (trópi-

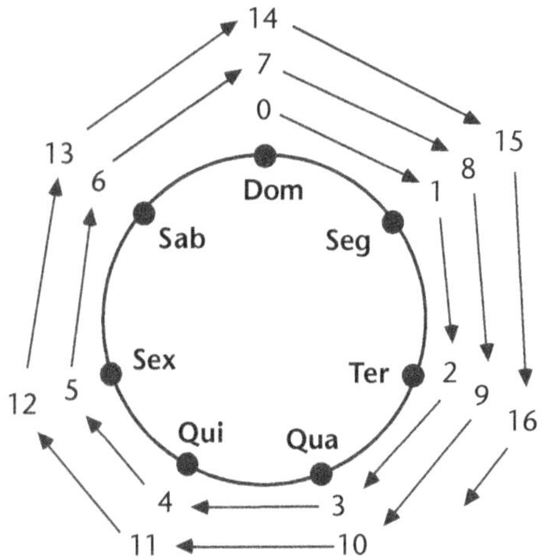

Figura 11.1
Encontrar o dia da semana calculando o *modulo* 7

cos médios) completos após 0 RD, um número que encontramos omitindo tudo após a vírgula decimal. Matematicamente isso é efetuado pela "função de piso" $\lfloor x \rfloor$, que é o maior número inteiro menor ou igual a x.

Considere agora converter uma data gregoriana, como 25 de dezembro de 1996 para seu valor RD. Lembre-se da regra do ano bissexto do papa Gregório XIII, que torna o tamanho médio de um ano mais preciso: múltiplos de 4 têm um dia extra em 29 de fevereiro, a menos que sejam múltiplos de 100, mas múltiplos de 400 também são anos bissextos. Dershowitz e Reingold mostram que isso leva à regra de cálculo exposta no quadro. Por exemplo, seja $M = 12$, $D = 25$, $A = 2.100$. Portanto $(a) = 766.135$, (b) $524 - 20 + 5 = 509$, $(c) = 336$, $(d) = -1$, e $(e) = 25$. Portanto o valor RD de 25 de dezembro de 2100 é $766.135 + 509 + 336 - 1 = 767.004$. Como uma aplicação simples, o dia da semana é portanto 767.004 mod 7 = 0, portanto o Natal de 2100 cai num domingo.

Para ver as complicações com que o *software* apresentado em *Calendrical Calculations* lida com facilidade, considere o calendário persa moderno. Ele foi adotado em 1925, mas a época que marca seu início é 19 de março de 622 d.C. – o equinócio da primavera anterior à época do calendário islâmico. É estreitamente baseado no mais antigo calendário de Jalalai, inventado por um comitê de astrônomos que incluiu Omar

Para encontrar o valor RD do dia D, mês M e ano Y gregoriano

Calcule:
(a) $365\,(Y-1)$
(b) $\lfloor (Y-1)/4 \rfloor - \lfloor (Y-1)/100 \rfloor + \lfloor (Y-1)/400 \rfloor$
(c) $\lfloor (367M - 362)/12 \rfloor$
(d) 0 se $M \leq 2$, -1 se M > e Y é um ano bissexto, e -2 é diferente
(e) D

O cálculo tem a seguinte interpretação: (a) é o número de dias não bissextos nos anos anteriores; (b) é o número de dias bissextos nos anos anteriores (um a cada quatro, exceto que o 100º é omitido, embora seja reposto no 400º; (c) é uma engenhosa fórmula para calcular o número de dias nos meses anteriores do ano *Y*, baseada na hipótese de que fevereiro tem 30 dias, o que não é verdade – daí o termo de correção (d); no passo (e), *D* é evidentemente o número de dias no mês corrente – os únicos dias ainda não contados.

Khayyam. Há 12 meses: os seis primeiros (Fravardin, Ordibehest, Xordad, Tir, Mordad, Sahrivar) têm 31 dias, os cinco seguintes (Mehr, Aban, Azar, Dey, Bahman) têm 30, e o último (Esfand) tem 29 num ano comum, e 30 num ano intercalar. O padrão de ano intercalar que adota, tomado do calendário de Jalalai sem alterações, é extremamente complicado. Ele segue um ciclo de 2.280 anos que contém 683 anos intercalares. Os 2.820 anos são divididos em 21 subciclos de 128 anos, seguidos por um de 132. Cada subciclo de 128 anos é dividido em subsubciclos de tamanhos 29 + 33 + 33 + 33; ao passo que o subciclo de 132 anos é dividido em 29 + 33 + 33 + 37. Finalmente, em cada subsubciclo, os anos 5, 9, 13, e assim por diante, elevando de quatro em quatro, são anos intercalares. Como o calendário persa acumula um erro de 1,7 minutos ao fim de um ciclo de 2.280 anos, ele levaria 2,39 milhões de anos para se atrasar um dia em relação aos ciclos astronômicos verdadeiros!

O antigo calendário lunissolar hindu segue um padrão muito diferente. Os meses acompanham muito de perto as fases da Lua, e um mês adicional é "intercalado" para manter os meses em conformidade com o ano solar. Diferentemente do que ocorre na maioria desses sistemas, no entanto, o ciclo de intercalação não segue um padrão fixo e simples. A estrutura global envolve um ciclo que dura 1.557.917.500 dias. O "ano" (estritamente o ano sideral *arya*) é 1/4.320.000 disso, ou 365,258 dias. O *mês solar* é 1/12 de um ano, e há 12 meses especificados. O *mês lunar* é 1/53.433.336 do ciclo de 1.577.917.500 dias, o que é igual a 29,531 dias. A ideia básica é fazer os meses de um e de outro tamanho correrem simultaneamente. Em geral, um mês lunar se estende além de um limite entre meses solares, mas ocasionalmente um mês lunar está completamente contido num mês solar. Nesse caso, é considerado um mês lunar intercalar, e seu nome é dado também ao mês lunar seguinte (Figura 11.2).

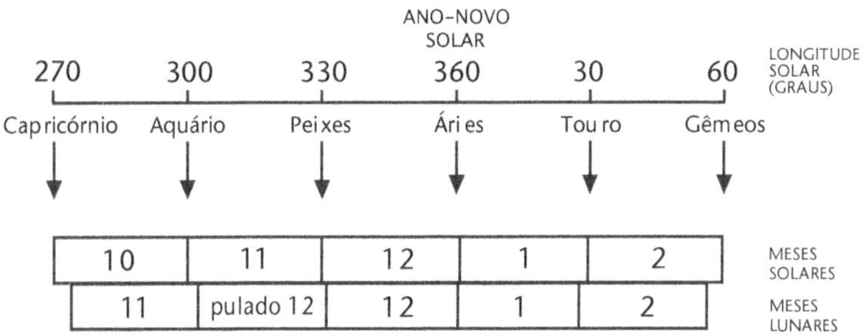

Figura 11.2
O calendário lunissolar hindu. Sempre que um mês lunar encaixa-se dentro de um solar, intercala-se mais um mês.

Vamos por fim dar uma olhada no calendário chinês, baseado em eventos astronômicos, não em regras aritméticas. O calendário chinês foi reformado pelo menos 50 vezes; a versão implementada em *Calendrical Calculations*, a mais recente, remonta a 1645, o segundo ano da dinastia Qing: os meses são lunares, começando no dia da lua nova, e os anos contêm 12 ou 13 meses. O arranjo dos meses, no entanto, depende da passagem do Sol pelos signos do Zodíaco. O ano solar é dividido em 12 termos solares maiores chamados *zhongqi* e 12 termos solares menores chamados *jieqi*. Cada termo corresponde a um 1/15 segmento da longitude solar, e os maiores começam em múltiplos de 30 e os menores nas lacunas entre eles. Esses termos ocupam aproximadamente o mesmo período em qualquer ano (Figura 11.3). Segundo a regra básica que determina o calendário, o solstício de inverno ocorre *sempre* durante o 11º mês do ano. Num ano que contenha apenas 12 meses lunares completos, portanto, os meses são sempre numerados 12, 1, 2, 3, 4, 5, 6, 7, 8, 9, 10, 11. Num ano que contenha 13, porém, um dos números é duplicado num mês intercalar. Qual deles? O primeiro mês que não contenha um termo solar maior. (Como há 13 meses lunares e apenas 12 termos solares maiores, pelo menos um mês deixará de conter um termo solar maior – uma aplicação do chamado "princípio da casa de pombos": se há mais compartimentos do que pombos, ao menos um deles deve ficar sem pombos.)

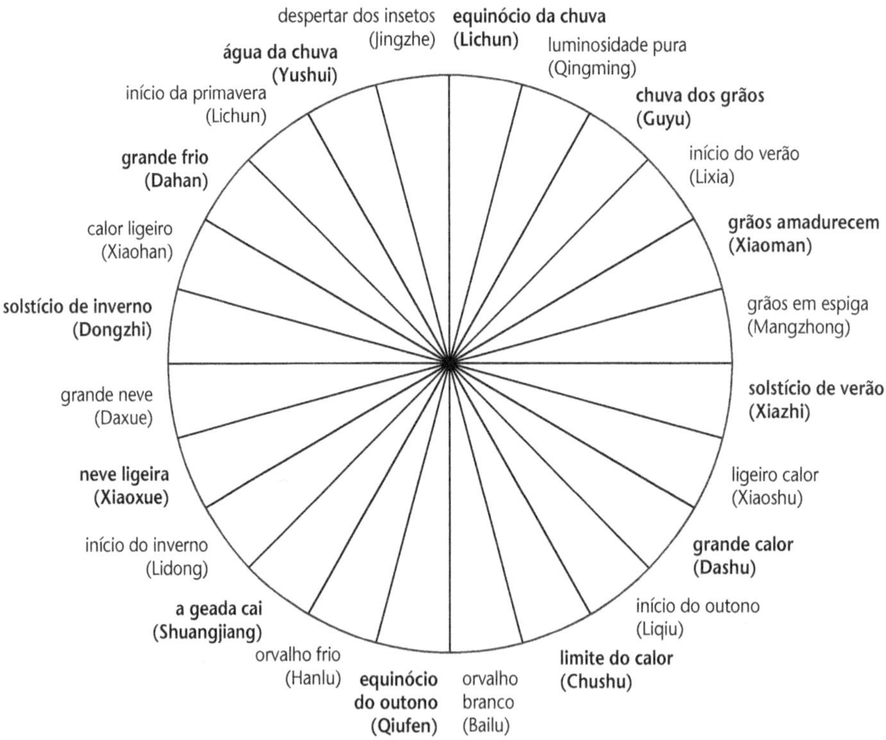

Figura 11.3
Termos solares do ano chinês (termos maiores em negrito)

Uma vez que os calendários são tão complexos atualmente, como serão eles no futuro? Hoje a matemática exigida para isso é dinâmica, e a ela se somam as ciências da astronomia, da física, da climatologia... Todos os vários ciclos astronômicos estão mudando lentamente de tamanho por causa das força de atração das marés. Além disso, há a "precessão dos equinócios", que não é constante, tendo variações ocasionais relacionadas a idades do gelo – o que implica que um calendário futuro deverá estar vinculado ao clima. Na verdade, um calendário futuro deverá ser interativo, ajustável segundo o que realmente acontece, não unicamente com base em regras preestabelecidas, porque astrônomos como Jack Wisdom (MIT) e Jacques Laskar (Bureau des Longitudes, Paris) descobriram que o movimento do sistema solar é caótico. Por isso, se você construir um calendário fixo para acompanhar o ritmo das estações, o famigerado "efeito borboleta" fará com que ele se afaste gradualmente da realidade. É possível que em 10.000.000 d.C., o dia da Independência do Brasil continue sendo 7 de setembro, mas ninguém pode prever quantos dias decorrerão de hoje até essa data.

– 12 –
A partilha perfeita

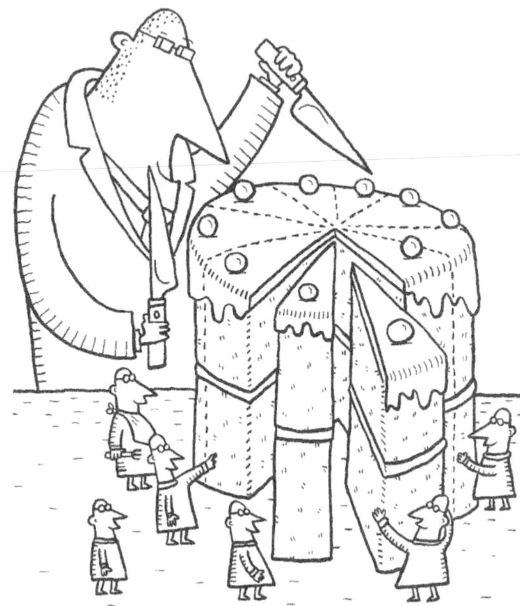

Dividir um bolo de maneira justa entre duas pessoas é fácil: "Eu corto, você escolhe." Com um número maior de pessoas, a divisão justa é mais complicada. E o que queremos dizer com "justo" também é mais complicado. Você pode achar que, embora tenha recebido a parte que lhe era devida, outra pessoa recebeu mais do que lhe cabia. Há um modo de dividir o bolo, "isento de inveja", que evita este problema. Até recentemente, só se conhecia um método de divisão isento de inveja para duas ou três pessoas. Mas agora...

Artur Astuto despejou o conteúdo do saco na mesa da cozinha. Berta Esperta, Clara Calote e Daniel Descolador, olhos arregalados, viram maços de notas e montes de joias rolarem pelo chão.

Chegara a hora difícil: dividir o espólio. Nenhum deles confiava nos outros, e todos estavam decididos a não deixar ninguém levar a melhor. Artur repartiu rapidamente o dinheiro, o que foi fácil, porque todos vigiaram a operação muito cuidadosamente. Dividir as joias seria mais complicado, porque cada um teria suas próprias opiniões sobre o valor das peças. Felizmente boa parte era constituída por coisas como correntes de ouro, que, se preciso, poderiam ser partidas em pedaços.

– O melhor é começar já – disse Clara, nervosa. – A polícia está atrás de nós e precisamos esconder isto.

– Então vou ficar com a tiara de diamantes – disse Berta, ajeitando-a na cabeça. – Clara pode ficar com os colares, e...

– Esses colares não valem nada! – protestou Clara. – Quero o broche de esmeraldas e o...

– Silêncio! – gritou Daniel. – Discutindo assim vocês nunca chegarão a um acordo, seu bando de velhacos. O que precisamos é de um método capaz de garantir que cada um de nós receba sua justa parte.

– Isso mesmo.

Todos cravaram os olhos naquele monte de joias de todo tipo. Três horas depois, continuavam com os olhos cravados no monte.

– O que realmente precisamos – disse Daniel – é do que os matemáticos chamam de "um protocolo de alocação isento de inveja".

– Certo – disse Artur. – É isso mesmo. Hum... Que diabo significa isso, Daniel?

– Inveja – Clara interrompeu – é quando uma pessoa fica ressentida porque outra conseguiu alguma coisa que ela...

– Ora, inveja eu entendo – disse Artur. – O problema é o resto.

– Eu só quis ajudar.

– Um protocolo de alocação – disse Daniel, antes que uma luta começasse – é um método sistemático para dividir coisas entre várias pessoas. É proporcional se, ao fim da divisão, todos ficam convencidos de que receberam pelo menos o que lhes era devido; e é isento de inveja se ninguém acha que alguma outra pessoa recebeu *mais* que lhe era devido.

– Não dá na mesma? – perguntou Berta.

– De maneira alguma – respondeu Clara. – Não estou certa, Daniel?

Ele assentiu.

– Protocolos isentos de inveja sempre são proporcionais, mas protocolos proporcionais não são necessariamente isentos de inveja.

– Por quê?

– Por exemplo – disse Daniel –, suponha que três de vocês estejam partilhando três itens, uma pulseira, um colar e alguns brincos. Nesse caso, vocês poderiam subjetivamente avaliar as proporções da seguinte maneira:

	Pulseira	Colar	Brincos
ARTUR	**40%**	50%	10%
BERTA	30%	**50%**	20%
CLARA	30%	20%	**50%**

Vocês farão uma alocação proporcional se (veja os números em negrito) Artur ficar com a pulseira, Berta com o colar e Clara com os brincos. Cada um acha que sua parte vale mais de 33% do total. Mesmo assim, Artur inveja Berta, porque ela ficou com o colar, que ele considera mais valioso que a pulseira.

Como veremos, é muito mais difícil obter protocolos isentos de inveja do que simples protocolos proporcionais. Convém ainda ter em mente que o protocolo é acompanhado por um conjunto de estratégias, uma para cada pessoa, que asseguram que elas julgarão ter alcançado suas metas. Essas estratégias não são parte do protocolo, e muitas vezes são apenas tácitas, mas são elas que garantem que o procedimento será justo. Muitas vezes chamaremos as pessoas envolvidas de "jogadores", porque isso ajuda a conceber todo o processo como uma série de movimentos num jogo. É também costume representar os objetos de valor a serem repartidos como um bolo.

Para dois jogadores, digamos Artur e Berta, há um protocolo de alocação isento de inveja muito simples: "Eu corto, você escolhe." Artur divide o espólio em duas partes; Berta escolhe a que deseja (Figura 12.1).

Figura 12.1
O método tradicional de dividir um bolo entre duas pessoas.

As estratégias que acompanham este protocolo são:

Estratégia de Artur: Dividir o espólio 50/50, de modo a não sair perdendo, seja qual for a parte escolhida por Berta.

Estratégia de Berta: Pegar a parte que lhe pareça maior.

A estratégia de Artur lhe garante que obterá uma parte a que atribui pelo menos 50% do valor total, e a de Berta lhe garante o mesmo. Portanto, o protocolo de alocação é isento de inveja. E também proporcional, é claro.

Como havia sido ideia de Daniel encontrar um protocolo para bem repartir o fruto do roubo, os outros ladrões despacharam-no para a biblioteca da universidade local para ver o que conseguia descobrir. Logo ele estava de volta, com vários livros, que, diga-se de passagem, havia roubado.

– Por que não os pegou emprestados simplesmente, Daniel?

– É a força do hábito, Berta.

Daniel havia descoberto que essa área da matemática surgiu na Polônia, durante a Segunda Guerra Mundial, na cidade de Lvov. Em 1944, quando o exército russo lutava para retomar a Polônia dos alemães, o matemático Hugo Steinhaus buscou distração num quebra-cabeça. Ele conhecia o protocolo "eu corto, você escolhe" para repartir um bolo entre duas pessoas, e sabia por que as estratégias associadas com esse protocolo levam ambos os jogadores a acreditar que conseguiram pelo menos a metade do bolo. O primeiro jogador divide o bolo em dois pedaços que, a seu ver, são exatamente iguais. Se o segundo jogador julgar que são diferentes, basta que pegue o que lhe parece o maior. Nenhum dos dois tem motivo para se queixar. Se o primeiro jogador ficar insatisfeito com o resultado, terá de reconhecer que deveria ter sido mais cuidadoso ao dividir o bolo; se o segundo ficar insatisfeito, terá sido porque ele mesmo escolheu o pedaço errado. Em nenhum estágio qualquer dos dois foi obrigado a fazer uma escolha que se poderia considerar injusta.

– Steinhaus – contou Daniel – perguntou se seria possível dividir de maneira semelhante um bolo entre três pessoas. Digamos, vocês três.

– Certo – disse Artur. – Que tal se eu cortar o bolo em três pedaços, que me pareçam iguais, e em seguida Berta escolher um, e depois Clara?

– Nada disso – protestou Clara –, isso não vai funcionar. Clara e eu podemos ambas pensar que um mesmo pedaço cortado por Artur corresponde a mais de um terço do bolo e que os outros dois são menores. Nesse caso, eu pego esse pedaço e Clara fica insatisfeita.

Daniel lhes disse que Steinhaus descobrira uma complicada série de nove etapas que tinha por resultado deixar cada jogador convencido de ter recebido pelo menos um terço do bolo. Isto é, descobrira um protocolo proporcional.

Antes de passarmos a explicar essa descoberta, é útil definir uma terminologia. Dizemos que os jogadores julgam um pedaço "justo" quando seu tamanho é um terço (ou mais) do bolo; "injusto" quando ele é *menor* do que um terço. "Passar" em alguma etapa é não fazer nada. Por conveniência, falamos sobre o *tamanho* dos pedaços, mas estamos nos referindo de fato a seu valor relativo tal como avaliado pelo jogador em questão. Todos os julgamentos são subjetivos, feitos pela pessoa que pratica a ação envolvida. As afirmações entre parênteses não fazem parte do protocolo, mas explicam como ele funciona. São comentários sobre as estratégias de que os jogadores dispõem para assegurar que obterão sua justa parte.

1. Artur corta o bolo em três pedaços (que a seu ver são justos, portanto subjetivamente iguais).
2. Berta pode:
   - passar (se pensa que pelo menos dois pedaços são justos) *ou*
   - rotular dois pedaços (que lhe parecem injustos) como "maus"
3. Se Berta passou, Clara escolhe um pedaço (que considera justo). Depois Berta escolhe um (que considera justo). O último pedaço é de Artur.
4. Se Berta tiver rotulado dois pedaços como "maus", a mesma opção é dada a Clara: ela pode passar ou rotular dois pedaços como "maus". Clara não leva em conta os rótulos de Berta ao aplicar os seus.
5. Se Clara não tiver feito nada, os jogadores escolhem pedaços na ordem Berta, Clara, Artur (usando a mesma estratégia que na etapa 3).

6. A outra possibilidade é Berta e Clara terem ambas rotulado dois pedaços como "maus". Portanto, deve haver pelo menos um pedaço que *as duas* consideram "mau". Artur fica com este (como ele julga *todos* os pedaços justos, não pode reclamar).
7. Os outros dois pedaços são reunidos. (Clara e Berta pensam ambas que o resultado é pelo menos 2/3 do bolo). Agora Clara e Berta jogam "eu corto, você escolhe" para dividir o que restou entre elas (obtendo com isso o que cada uma julgou ser uma justa parte.)

– Uau! – disse Artur. – É um bocado complicado.

– Espere só – respondeu Daniel. – Você ainda não viu nada. O problema é que o método de Steinhaus, embora proporcional, não é isento de inveja. Pode haver casos em que cada jogador pensa ter recebido a justa parte, mas (digamos) Clara pensa que Berta levou uma parte maior que a dela. Por exemplo, suponha que Berta pense que a divisão de Artur é justa. Nesse caso o protocolo para após a etapa 3, e tanto Artur quanto Berta consideram que todos os três pedaços correspondem a 1/3 do bolo. Clara deve pensar que seu pedaço é pelo menos 1/3 do bolo, portanto a alocação é proporcional. Mas se Clara vir o pedaço de Artur como 1/6 e o de Berta como 1/2, ela invejará Berta, porque esta teve a primeira escolha e ficou com um pedaço que ela, Clara, *julga* maior que o dela mesma.

– Steinhaus conseguiu descobrir um protocolo isento de inveja? – perguntou Clara.

– Não – respondeu Daniel. – Ele não se preocupou em absoluto com esse aspecto; tudo isso passou a ser discutido bem mais tarde.

Artur rangeu os dentes e espiou nervosamente pela janela. Nenhum sinal da polícia ainda.

– O que o interessava – continuou Daniel – era descobrir um protocolo de alocação proporcional entre quatro pessoas ou mais. E seus amigos Stefan Banach e B. Knaster logo descobriram um. Vamos supor que há n jogadores, e chamá-los $P1$, $P2$, ..., Pn. Desta vez, digamos que um jogador pensa que um pedaço é justo se seu tamanho for $1/n$, e injusto se for menor. Nesse caso o protocolo Banach-Knaster é:

1. *P*1 corta um pedaço (justo) *C*.
2. *P*2 pode escolher entre:
   • passar (se julgar *C* justo), ou
   • aparar *C* (para criar um pedaço justo que vamos continuar chamando de *C*). Põe-se o que é retirado de lado temporariamente.
3. A mesma escolha é oferecida a *P*3 com o novo *C*; depois a mesma escolha é oferecida a *P*4, e assim por diante, até que todos os jogadores exceto *P*1 tenham tido oportunidade de reduzir *C* se quiserem.
4. Se ninguém tiver cortado *C*, ele vai para *P*1. Se *C* tiver sido cortado, o último jogar a fazê-lo fica com ele. (E o considera justo.)
5. O resto do bolo, mais o que foi retirado, é novamente reunido. Os jogadores restantes *n* - 1 (que consideram todos que resta agora pelo menos (*n* -1) *n* do bolo original) repetem o mesmo procedimento.
6. Isso continua até que restem apenas dois jogadores. Então eles jogam o "você corta, eu escolho".

– Novamente, esse protocolo é proporcional, mas não isento de inveja – ressaltou Daniel.

– É verdade – disse Berta. – É também *diferente* do protocolo de Steinhaus, quando *n* = 3. Na verdade, é mais simples.

– Sem dúvida – disse Daniel. – Isto porque envolve uma ideia nova: aparar. E a contribuição de Steinhaus já havia introduzido uma outra ideia importante: dividir parte do bolo e depois considerar o que sobrou.

Berta recostou-se na sua cadeira e fixou os olhos no teto.

– É claro, no nosso caso, não concordamos necessariamente uns com os outros acerca do valor de cada item.

– Ah – disse Daniel. – Steinhaus levou isso em conta também. Uma característica essencial dessa classe de problemas é que os jogadores não precisam concordar em suas avaliações sobre os vários pedaços do bolo. A possibilidade de diferenças subjetivas é uma característica decisiva. De fato, como Steinhaus observou, o problema geralmente é mais fácil quando as pessoas *discordam* entre si.

– Por quê? Parece inacreditável.

– Se eu gosto do glacê do bolo e você do recheio, Berta, podemos ambos ficar satisfeitos.

Artur resmungou para mostrar que estava entendendo.

– Daniel, esses protocolos são complicados demais. A polícia pode aparecer a qualquer minuto. Não há outros métodos a usar?

– Com certeza. Existem as provas de existência, que são provas matemáticas abstratas, baseadas no chamado teorema da convexidade de Liapunov. Elas nos dizem que sempre existem divisões equitativas do bolo, mas não nos dizem como encontrá-las. Há também os algoritmos de "faca móvel".

O que se segue, proposto por L.E. Dubins e Edwin Spanier em 1961, é uma amostra. Uma grande faca é movida lentamente pelo bolo, paralelamente a si mesma. Os jogadores gritam "corte!" assim que ela demarca uma fatia que se dispõem a aceitar. No entanto, o método da faca móvel envolve um número potencialmente infinito de decisões, porque a cada instante do tempo cada jogador deve decidir sim/não. Não se trata, portanto, de um verdadeiro algoritmo. Todos os protocolos discutidos acima envolvem uma sequência discreta de decisões.

– Então não temos como escapar dos protocolos – disse Artur. – Se ficarmos esperando infinitamente, a polícia sem dúvida vai nos encontrar aqui.

– Eu não apostaria nisso – murmurou Clara.

Daniel deu-lhe um pontapé debaixo da mesa e continuou sua história.

– No início da década de 1960 John Selfridge e John Horton Conway, trabalhando de maneira independente, encontraram um protocolo isento de inveja para três jogadores.

O método deles circulou informalmente entre aficionados de matemática recreativa e acabou sendo publicado na coluna "Jogos Matemáticos", de Martin Gardner, em *Scientific American*. Ele diz o seguinte:

1. Artur corta o bolo em três (justas) partes.
2. Berta pode:
   - passar (se achar que dois ou mais pedaços se igualam como os maiores) *ou*
   - aparar (o maior) pedaço (para criar esse empate). As sobras são postas de lado

3. Clara, Berta e Artur, nesta ordem, escolhem um pedaço (que julgam ser o maior, ou igual ao maior). Se Berta não passou na etapa 2, deve escolher o pedaço aparado, a menos que Clara o tenha escolhido primeiro.
   (Nesta etapa, a parte do bolo afora as sobras tem de ser dividida em três de um modo isento de inveja, uma "alocação parcial isenta de inveja". Isto requer alguma verificação, mas é verdade!)
4. Se Berta tiver passado na etapa 2, não haverá sobras, e o processo terminou. Se não tiver passado, ela ou Clara ficam com o pedaço aparado. Chame esta de a pessoa "que cortou" e a outra de a "que não cortou". A pessoa que cortou divide as sobra em três partes (que considera iguais).
   (Artur tem uma "vantagem irrevogável" sobre a pessoa que não cortou, no seguinte sentido: a pessoa que não cortou recebeu o pedaço aparado, e mesmo que ela ganhe todas as sobras, Artur continuará pensando que ela só recebeu o que era justo, porque a seu ver os pedaços originais eram todos justos. Assim, seja como forem divididas as sobras, Artur não invejará a pessoa que não cortou.)
5. Os três pedaços das sobras são escolhidos pelos jogadores na ordem: pessoa que não cortou, Artur, pessoa que cortou. (Cada um escolhe o maior pedaço, ou um dos dois maiores, entre os disponíveis.)
   (A pessoa que não corta escolhe primeiro entre as sobras, por isso não tem razão para ter inveja. Artur não inveja a pessoa que não cortou por causa de sua "vantagem irrevogável"; não inveja a pessoa que cortou porque escolheu antes dela. A pessoa que cortou não pode ter inveja de ninguém, já que dividiu as sobras.)

– Isso é excelente – disse Artur, que começava a perder a paciência –, mas somos quatro, e não três.

Fitou Daniel com os olhos apertados e puxou um facão do cinto.

– Mas, se necessário, podemos dar um jeito nisso.

– Não será preciso, eu garanto – Daniel apressou-se em dizer. – Poderia ter sido, alguns anos atrás, porque o assunto praticamente estagnou nesse ponto. Sabia-se que para quatro ou mais pessoas sempre *existe* uma alocação isenta de inveja, mas ninguém conseguiu descobrir um protocolo capaz de produzir tal alocação num número finito de etapas.

Clara inclinou o corpo.

– Então, o que aconteceu?

– Dominic Olivastro, um escritor dedicado à ciência – disse Daniel –, fez um levantamento sobre o assunto para a revista *The Sciences*. Steve Brams, um cientista político na New York University, autor de livros sobre a teoria dos jogos, leu e ficou encantado. Havia muito ele era fascinado por problemas políticos e econômicos que envolviam divisão justa, como partição da Alemanha entre os Aliados ao fim da Segunda Guerra Mundial. Ali estava a mesma questão expressa de forma puramente matemática. Brams começou procurando um protocolo isento de inveja para três jogadores, não se dando conta de que Selfridge e Conway já haviam encontrado um. Seu método correspondia às três primeiras etapas do deles, uma alocação *parcial* isenta de inveja. Mas em vez do complicado método que eles usaram para dividir as sobras, Brams usou o mesmo procedimento uma segunda vez.

– Mas isso só cria mais sobras – protestou Berta.

– É verdade, mas são sobras de segunda ordem, muito menores que as primeiras. Uma terceira aplicação do método resolve o problema das sobras, e assim por diante.

– Isso é realmente um protocolo? Ele não termina necessariamente após um número finito de etapas.

– De fato. Mas era simples e funcionava.

– Tudo bem, mas...

– Você ficará satisfeito com o método final: ele *termina*. Seja como for, Brams, estimulado por seus sucessos iniciais, passou para o caso de quatro pessoas... e enrascou-se.

Artur rosnou, enquanto passava o dedo sugestivamente pelo fio da faca. Daniel engoliu em seco e apressou-se em continuar:

– Nessa altura ele entrou em contato com Alan Taylor, um matemático amigo seu que trabalhava no Union College, em Schenectady. Taylor pensou sobre o problema enquanto submetia seus alunos a um exame final, partindo igualmente da ideia de que as sobras não tinham realmente muita importância, e resolveu-o. Sua solução era esquisita, porque a primeira etapa consistia em dividir o bolo em cinco pedaços, mesmo que só houvesse quatro jogadores.

– Um caso interessante de abordagem indireta.

– É verdade. Taylor diz que não sabe de onde lhe veio essa ideia.

Aqui está o protocolo isento de inveja de Taylor para quatro jogadores:

1. Artur corta o bolo em cinco pedaços (que pensa serem iguais)
2. Berta apara até dois pedaços, se necessário, para criar três pedaços igualmente maiores (na opinião dela) e põe as sobras de lado.
3. Depois Clara apara um pedaço, se necessário, para criar dois pedaços maiores iguais (em sua opinião).
4. Daniel escolhe primeiro, depois Clara, depois Berta, e Artur fica com um pedaço (que ele julga justo). Se Clara ou Berta tiverem aparado um pedaço, devem escolher esta mesma parte se ela estiver disponível na sua vez.

Obs.: Sempre haverá sobras.

Não é difícil ver que cada jogador pensa que seu pedaço é pelo menos tão grande quanto o dos outros, portanto a alocação é isenta de inveja.

– Está tudo muito bem – disse Artur –, mas isso não resolve inteiramente o problema, não é, Daniel?

– Não. O protocolo de Selfridge e Conway é finito: não continua para sempre. Mas com o desprezo de Brams pelas sobras, seu procedimento se repete indefinidamente, de modo que, a rigor, eles não encontraram um protocolo genuíno. Isso não preocupava muito Brams. Em ciência política sempre há detalhes finais a acertar, e a falta de uns bocadinhos de bolo quase nunca importava. Mas a Taylor, o matemático, isso preocupava muito. Assim ele pôs mãos à obra durante vários meses, auxiliado por dois colegas, William Zwicker e Fred Galvin, até encontrar uma forma de rearranjar a sequência de escolhas de modo que o método sempre terminasse, sem uma migalha sequer de bolo sobrando.

Mesmo para quatro jogadores, o protocolo resultante é extremamente complexo: estende-se por 20 etapas, uma das quais é uma longa sequência de decisões corte-e-escolha por vários jogadores sucessivamente. Em razão dessa complexidade, o método é descrito num quadro à parte. Em duas etapas o protocolo envolve a escolha de um número que está relacionado às estimativas subjetivas dos vários jogadores quanto aos tamanhos relativos dos pedaços, de modo que o número de etapas depende das preferências precisas. Sejam quais forem as preferências, o número de etapas é finito, mas podemos torná-lo tão grande quanto queiramos, estipulando preferências iniciais de maneira apropriada. Note que, ao contrário da alocação parcial originalmente encontrada por Taylor, este protocolo começa de maneira mais convencional, com uma divisão em quatro pedaços. No entanto, a nova ideia que ele tinha de usar um número de peças maior que o de jogadores aparece várias vezes, e seu protocolo original de cinco pedaços ressurge inteiro numa longa sequência em que as sobras são repetidamente subdivididas.

Artur, Berta, Clara e Daniel começaram a tentar pôr em prática o protocolo Brams-Taylor. Cerca de duas horas depois, a mesa estava coalhada de folhas de papel, todas cobertas de infindáveis cálculos. Artur não tirava os olhos de uma grande esmeralda.

– Acho que vamos ter que cortar isto em 12 pedaços – disse ele, lançando um olhar feroz para Daniel Descolador.

– Talvez... O protocolo é muito bom para bolos, é claro, e qualquer outra coisa que possa ser facilmente subdividida tanto quanto se queira.

Viu a expressão de Artur.

– Hum, o problema com pedacinhos que não podem ser subdivididos é muito mais difícil, e talvez ainda não tenha nenhuma solu... – guinchou, apavorado. – Mas pensando bem, Artur, Régis Receptador conseguiria picar essa esmeralda num piscar de olhos...

– Não quero Régis Receptador envolvido nisto – rosnou Artur. – Você nos fez perder muito tempo precioso, Daniel, e eu não gosto disso. Nesse instante a polícia pode estar na nossa cola, e se estiver, a culpa é toda...

Parou. Ouviram o som de uma sirene à distância. O som ficou mais alto.

Artur virou-se para Berta e Clara.

– Acho que chegou a hora de uma alocação desproporcional isenta de misericórdia – e apontou a faca para Daniel. – Corto?

– Vá em frente! – exclamou Berta. – Você corta e nós escolhemos!

O protocolo Brams-Taylor para quatro jogadores

1. Berta corta o bolo em quatro (justas) partes e dá uma para cada jogador.
2. Pergunta-se sucessivamente a Artur, Clara e Daniel se fazem objeção a essa alocação (eles respondem que sim caso invejem um outro jogador).
3. Se ninguém objetar, partilha encerrada.
4. Caso contrário, passe ao primeiro jogador que objetou. Suponha que seja Artur. Este escolhe um pedaço que inveja e o chama de *A*; seu pedaço original é chamado de *B*. Tendo escolhido *A* e *B*, o resto do bolo é reunido para outras considerações.
5. Artur diz um número inteiro $p \geq 10$ (este p é escolhido para ter a seguinte curiosa propriedade: suponha que *A* seja subdividido, de qualquer maneira, em p pedaços. Em seguida Artur prefere *A* a *B*, mesmo que os sete menores pedaços sejam removidos. Ele pode conseguir isso tomando $p > 7a(a - b)$ onde a é uma avaliação de *A*, e b uma avaliação de *B*.)
6. Berta divide tanto *A* quanto *B* em p pedaços (que considera iguais).
7. Artur escolhe três pedaços (os menores) de *B* e chama-os de S_1, S_2, S_3. Além disso
   - Escolhe os três pedaços (maiores) de *A* (se pensa que são todos estritamente maiores que todos os *S*s) e corta no máximo dois deles (deixando-os do tamanho dos menores entre aqueles três), *ou*
   - Subdivide uma das partes de *A* (a maior) em três pedaços iguais.

   Quer faça uma coisa ou outra, chama esses pedaços de T_1, T_2, T_3.
8. Clara toma os seis *S*s e *T*s e
   - passa (se pensa que já há dois igualmente maiores)
   - corta um deles (o maior) para (criar essa igualdade).
9. Daniel, Clara, Berta e Artur, nessa ordem, escolhem um pedaço dos seis *S*s e *T*s, modificados como na etapa 8 (o que pensam ser o maior ou um dos dois maiores). Clara deve ficar com o pedaço que ela cortou se ele estiver disponível. Berta deve escolher *S*; Artur deve escolher um *T*.

   Nesta altura realizamos uma alocação parcial isenta de inveja, com muitas sobras, em que Artur pensa que seu pedaço é estritamente maior que o de Berta (digamos por uma quantidade x).
10. Artur diz um número inteiro q (escolhido de modo que $(4L/5)^q < x$, onde L é a avaliação das sobras por Artur). A designação antecipada de q evita que a próxima fase se estenda para sempre.
11. Artur corta as sobras em cinco pedaços (um resquício da ideia original de Taylor).
12. Berta corta dois pedaços, se necessário (para criar três igualmente maiores) e põe as sobras de lado.
13. Depois Clara corta um pedaço, se necessário para criar um empate de dois maiores (na opinião dela).
14. Daniel escolhe primeiro, depois Clara, depois Berta; Artur fica com o último pedaço. Se Clara ou Berta cortaram um pedaço, devem ficar com ele, se estiver disponível na vez delas.
15. As etapas 11-14 são repetidas mais $q - 1$ vezes, envolvendo cada vez com as "sobras" do ciclo anterior.

    Nesta altura do ciclo de subdivisões, temos uma alocação parcial isenta de inveja em que Artur tem uma vantagem irrevogável sobre Berta: ele considera seu pedaço maior que o dela mais todas as sobras. Agora criamos uma lista de pares ordenados de jogadores, a *lista da vantagem irrevogável*, escrevendo os nomes do par (Artur, Berta). Isso nos lembra que Artur tem uma vantagem irrevogável sobre Berta.

16. Berta corta as sobras em 12 pedaços (iguais).
17. Cada um dos outros três jogadores declara-se "pró" se pensa que todos esses 12 pedaços são iguais, ou "contra", se acha que não são.
18. Se todos os "prós" tiverem uma vantagem irrevogável sobre os "contras" (ver a lista), damos os 12 pedaços aos prós, cada um recebendo um igual número, e o processo está encerrado.
    (É por isso que usamos 12: é divisível por 1, 2, 3 e 4)
19. Se não, escolhemos o primeiro par (pró, contra) em que não haja essa vantagem irrevogável, e retornamos à etapa 4, com o jogador pró no papel de Artur, o contra no papel de Berta, e as sobras no lugar do bolo.
20. Repetimos as etapas 5-18 até que (em no máximo 15 ciclos) todos os pares (pró, contra) estejam na lista de vantagem irrevogável. O ciclo termina então na etapa 18.

Para uma prova cabal de que isto funciona, ver o artigo de Brams e Taylor listado em "Sugestões de leitura".

- 13 -
A quadratura do quadrado

O problema da quadratura do círculo remonta aos gregos antigos, mas o da "quadratura" do quadrado é bem mais recente. É possível ladrilhar um quadrado usando ladrilhos quadrados? É fácil, você pode dizer – num simples tabuleiro de xadrez, 64 quadradinhos ladrilham um quadrado maior. No entanto, há uma condição adicional: os ladrilhos devem ser todos de tamanho diferente. E agora, como você resolveria isso? Usando a teoria do circuito elétrico, é claro!

Você consegue ladrilhar um quadrado usando ladrilhos quadrados todos de tamanho diferente? Parece fácil? Então experimente. Mas há possibilidades demais para você ter certeza de que tentou todas, e os arranjos que dão certo são muito poucos. É necessário algo mais sistemático. O primeiro resultado significativo nesta questão remonta a 1903, e a resposta só foi encontrada em 1939. Trabalhos subsequentes impuseram exigências adicionais à ladrilhagem, e estenderam o problema a outras formas além do quadrado. Restam muitas questões para os matemáticos lúdicos investigarem.

Em 1903 Max Dehn provou que, se um retângulo for ladrilhado com quadrados – quer sejam diferentes ou não –, os tamanhos dos ladrilhos e do próprio retângulo, serão comensuráveis – números inteiros múltiplos de um mesmo número. Em outras palavras, se escolhermos uma unidade de medida adequada, todos os lados serão números inteiros. Desde então, este teorema foi provado pelo menos de uma dezena de maneiras diferentes – todas bastante engenhosas, porque este está longe de ser um resultado óbvio.

Diremos que um retângulo ou quadrado pode ser "quadriculado" se ele puder ser ladrilhado com diferentes quadrados. Em 1909, Z. Morón descobriu o primeiro retângulo quadriculado, de 33 × 32, usando nove ladrilhos quadrados de lados 1, 4, 7, 8, 9, 10, 14, 15 e 18. Conseguiu também quadricular um retângulo de 65 × 47 com dez ladrilhos quadrados de lados 3, 5, 6, 11, 17, 19, 22, 23, 24 e 25 (Figura 13.1a). Talvez você queira compor o conjunto de nove quadrados e tentar este quebra-cabeça; para a resposta, veja *Unsolved Problems in Geometry* ("Sugestões de leitura").

O problema de "quadricular o quadrado" foi resolvido em 1939 por R. Sprague com uma malha que usava 55 diferentes ladrilhos quadrados. No entanto, faltava-lhe elegância sob um aspecto: ele era *composto*, no sentido de conter um retângulo quadriculado menor. Ladrilhagens que não contenham nem um retângulo quadriculado são chamadas *simples*, e quadrados quadriculados com esta propriedade adicional são muito raros.

Em 1940 R.L. Brooks, C.A.B. Smith, A.H. Stone e W.T. Tutte ("Sugestões de leitura") descobriram o primeiro quadrado quadriculado simples. Seu método foi descrito de maneira divertida por Martin Gardner em *More Mathematical Puzzles and Diversions* ("Sugestões de leitura"). Eles começaram representando a estrutura de qualquer retângulo quadriculado por uma malha, conhecida como diagrama de Smith. Toda linha horizontal no retângulo quadriculado corresponde a um nó da malha, e cada ladrilho componente corresponde a uma aresta. Essa aresta liga os dois nós correspondentes às linhas horizontais que se encontram no lado de cima e no lado de baixo do ladrilho, e as arestas são rotuladas com o tamanho desse ladrilho. A Figura 13.1b mostra as linhas horizontais

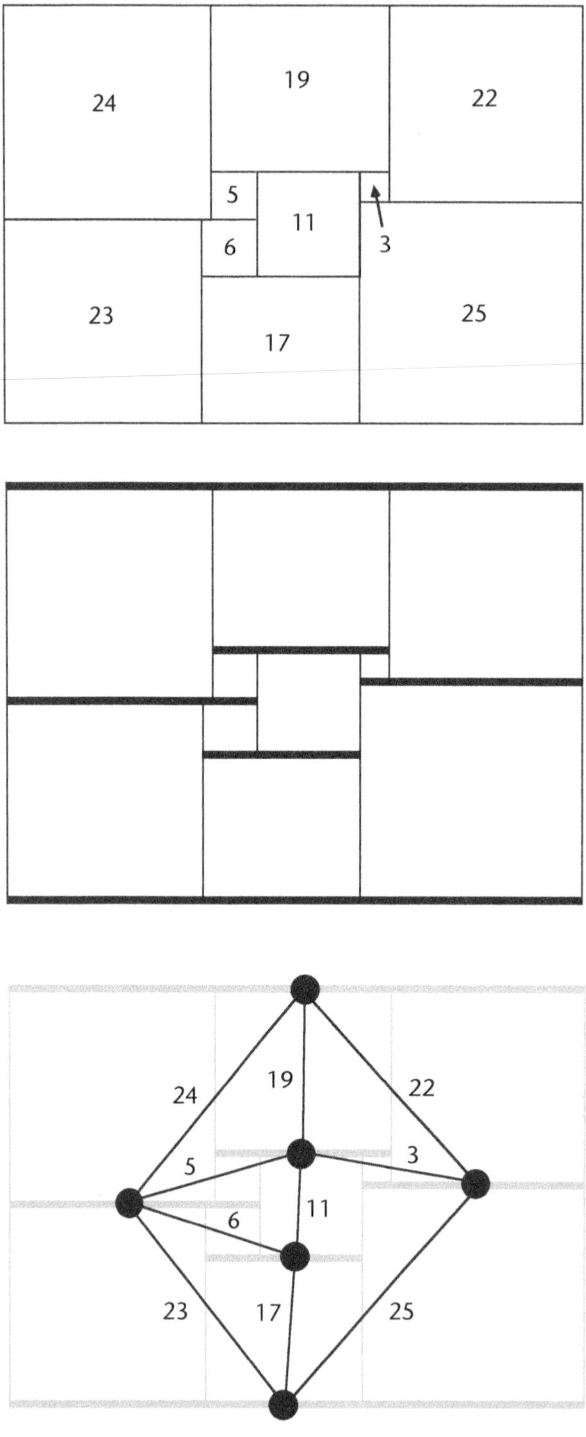

Figura 13.1

(a) Retângulo de dez ladrilhos de Morón.

(b) Seus segmentos em linhas horizontais.

(c) Seu "diagrama de Smith": associe um nó a cada segmento de linha; vincule-o a cada ladrilho; rotule o vínculo com o tamanho do ladrilho. A corrente flui pela página abaixo.

no retângulo quadriculado de Morón, e a Figura 13.1c mostra o diagrama de Smith.

Curiosamente, se supusermos que cada aresta do diagrama de Smith é um arame de uma resistência unitária, e os rótulos numéricos forem interpretados como correntes elétricas que fluem pelos arames (medidas em amperes, digamos, e na direção descendente na página), todo o diagrama forma um circuito elétrico que obedece às "leis de Kirchhoff" usuais da engenharia elétrica. Em particular, a quantidade total de corrente que flui em direção a qualquer junção deve ser igual à quantidade total que dela emana. Este fato é facilmente dedutível da geometria da ladrilhagem. Por exemplo, considere a linha horizontal ao longo da parte inferior do quadrado 19. Uma corrente de 19 entra, e 5 + 11 + 3 = 19 sai. Esses dois números são os mesmos porque a linha também forma o topo dos quadrados 5, 11 e 3.

Usando ideias da teoria do circuito elétrico, os quatro matemáticos desenvolveram métodos sistemáticos para construir e analisar retângulos quadriculados, com o objetivo final de encontrar um quadrado quadriculado simples. O primeiro grande avanço veio de uma fonte inesperada. Brooks encontrara um retângulo quadriculado de 112 × 75 com 13 ladrilhos (Figura 13.2a) e ficou tão satisfeito que montou um quebra-cabeça com esses ladrilhos. Sua mãe experimentou montá-lo e conseguiu, mas a solução dela era diferente da dele (Figura 13.2b).

A equipe de matemáticos nunca se vira diante de um fenômeno como este antes: um conjunto de ladrilhos quadrados preenchera o mesmo retângulo de duas maneiras diferentes. Mas durante algum tempo eles haviam alimentado a esperança de encontrar dois retângulos ladrilhados do mesmo tamanho que não tivessem ladrilhos do mesmo tamanho em comum, porque assim seria fácil juntá-los, com mais dois quadrados adicionais, para fazer um quadrado quadriculado (Figura 13.3). Seria um quadrado composto, mas já era um começo, e nessa altura Sprague ainda não havia publicado sua descoberta.

Certamente o retângulo de Brooks podia ser ladrilhado de duas maneiras, mas como o mesmo conjunto de ladrilhos era usado nas duas vezes, o retângulo de Brooks não levaria a um quadrado quadriculado.

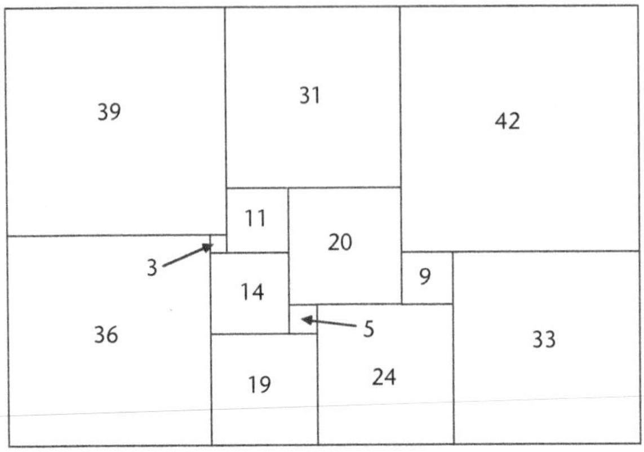

Figura 13.2

(a) Quebra-cabeça do retângulo de Brooks.

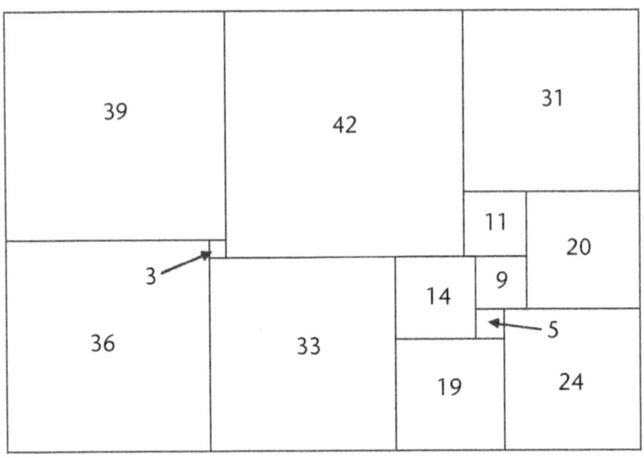

(b) A solução diferente encontrada por sua mãe.

Apesar disso, eles tiveram a esperança de que, se conseguissem compreender *por que* o retângulo de Brooks podia ser ladrilhado de duas maneiras, pudessem estar construindo uma abordagem útil. Observando os diagramas de Smith das duas ladrilhagens, perceberam que poderiam obter um diagrama a partir do outro se "identificassem" dois nós, isto é, se os considerassem conceitualmente o mesmo. Além disso, o fluxo de eletricidade através do circuito não era afetado se o diagrama fosse "curto-circuitado" dessa maneira, porque, nesse caso particular, os dois pontos identificados estavam no mesmo potencial elétrico. Com algum esforço, descobriram por que isso era assim: o fenômeno estava relacionado a simetrias no diagrama de Smith. A partir dessa pista, experimentaram

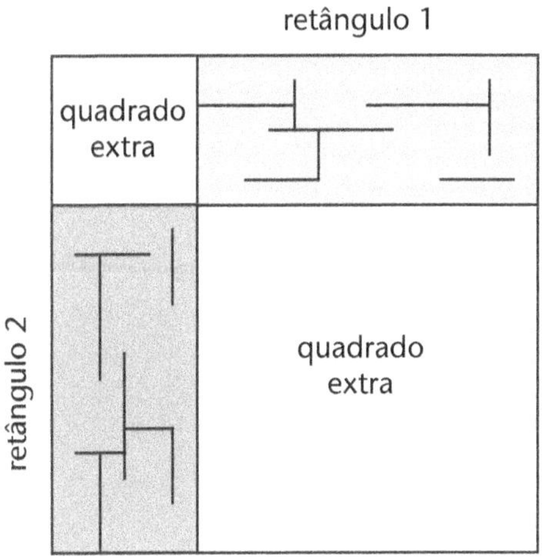

Figura 13.3
Como combinar dois retângulos quadriculados para obter um quadrado quadriculado, com a condição de que os retângulos não tenham ladrilhos de mesmo tamanho.

alterar os diagramas de Smith, produzindo diferentes retângulos quadriculados de mesmo tamanho, com menor número de ladrilhos de mesmo tamanho em comum. Finalmente a abordagem mostrou-se proveitosa, levando-os a um quadrado quadriculado simples formado por 69 ladrilhos. Com mais algum esforço, Brooks reduziu o número de ladrilhos a 39.

Em 1948, T.H. Willcocks reduziu ainda mais o número de ladrilhos, encontrando um quadrado quadriculado de 24 ladrilhos. Mas não era um quadrado simples. Nesse meio tempo, J.W. Bouwkamp e seus colegas estavam catalogando todos os retângulos quadriculados possíveis com até 15 ladrilhos – encontraram um total de 3.663. Em 1962, A.W.J. Duivestijn provou que todo quadrado quadriculado simples deve conter ao menos 21 ladrilhos; antes de 1978 ele já havia encontrado um quadrado com o número mínimo de ladrilhos e provado que era o único (Figura 13.4). Em 1992 Bouwkamp e Duivestijn publicaram 207 quadrados quadriculados simples, com 21 a 25 ladrilhos – na verdade, todos os existentes.

Embora esses resultados praticamente eliminem o problema dos quadrados quadriculados, há inúmeras variantes. Que tal quadricular dominós – retângulos com um lado duas vezes maior que o outro? Há uma forma trivial de quadricular um retângulo como este: comece com um quadrado quadriculado e acrescente, junto a ele, um ladrilho quadra-

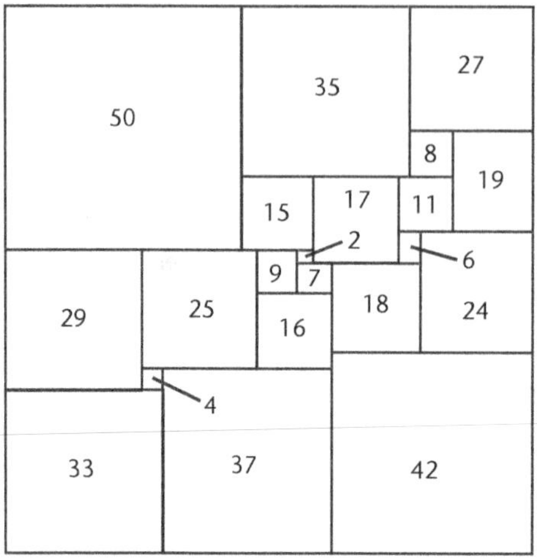

Figura 13.4
O único quadrado quadriculado com o menor número de ladrilhos.

do adicional, do tamanho do quadrado quadriculado. Mas há também maneiras *não* triviais. Que tal um retângulo com um lado três vezes maior que o outro?

Uma outra extensão do problema é ladrilhar outras superfícies, que não quadrados e retângulos, opção discutida por David Gale em *The Mathematical Intelligencer* ("Sugestões de leitura"). Os topólogos sabem que várias superfícies interessantes podem ser construídas por meio da identificação de bordas opostas de retângulos – "colando-as", pelo menos na imaginação. Tome um retângulo e cole duas bordas opostas: você obterá um cilindro. Dê uma meia-volta ao retângulo antes de colar as bordas, e terá uma fita de Möbius. Cole *ambos* os pares de bordas opostas juntos, sem voltas, e o resultado é um toro – uma superfície em forma de rosquinha, sem nenhum buraco. Cole ambos os pares de bordas opostas juntos, dando uma meia-volta em um par, e terá uma garrafa de Klein – uma famosa superfície de um só lado que não pode ser formada em espaço tridimensional sem interceptar a si mesma. Dê meia-volta em ambos os pares, e terá um plano projetivo – também de uma só superfície e de representação impossível em três dimensões.

Claramente, com qualquer dessas maneiras de colar as bordas do retângulo, qualquer ladrilhagem dele se transfere para uma ladrilhagem da

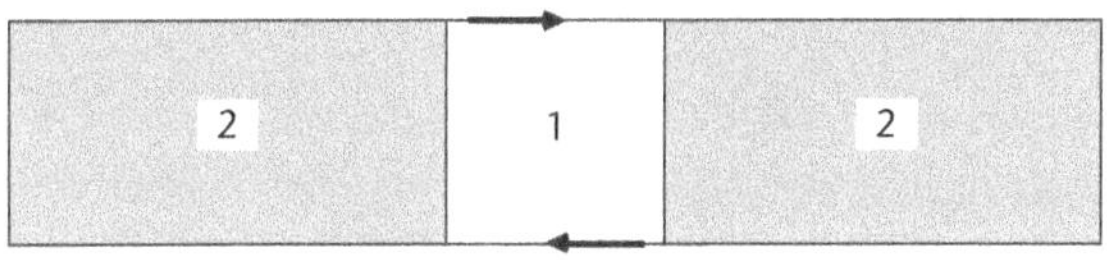

Figura 13.5
Ladrilhagem de uma fita de Möbius com dois ladrilhos.

superfície resultante. Mas esta pode possuir ladrilhagens adicionais, porque, na superfície, os ladrilhos podem transpor as bordas coladas. Por exemplo, a Figura 13.5 mostra uma fita de Möbius ladrilhada com apenas *dois* quadrados de lado 1 e 2, respectivamente. As setas marcam lados a serem colados; as direções das setas mostram as voltas. Embora, na figura, um quadrado pareça ser cortado em dois retângulos, esses pedaços se unem quando as bordas são coladas. No entanto, essa ladrilhagem da fita de Möbius tem uma característica bastante desagradável: o ladrilho pequeno tem um limite comum consigo mesmo. Suas bordas superior e inferior são coladas, de modo que ele próprio é uma fita de Möbius, e não um quadrado. Em 1993 S.J. Chapman descobriu uma ladrilhagem da fita de Möbius sem esse traço inconveniente, usando cinco ladrilhos (Figura 13.6). Não existe nenhuma ladrilhagem desse tipo com um número menor de quadrados.

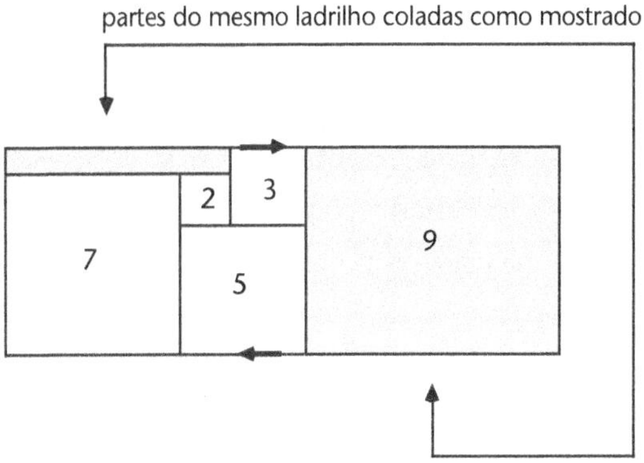

Figura 13.6
Ladrilhagem de uma fita de Möbius usando ladrilhos cujos limites não se encontram.

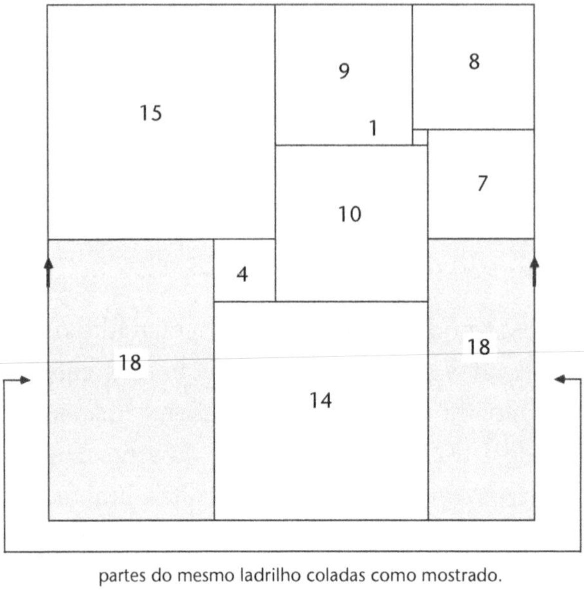

Figura 13.7
Ladrilhagem não trivial de um cilindro.

Um cilindro pode ser quadriculado, mas são necessários pelo menos nove ladrilhos – tal como nos retângulos. Ladrilhagens "triviais" simplesmente tomam os retângulos de Morón e juntam bordas adequadas; mas há também ladrilhagens não convencionais, com nove ladrilhos. Os ladrilhos são do mesmo tamanho que os de Morón, mas arranjados de maneira diferente (Figura 13.7).

Para o cilindro e a fita de Möbius, as bordas dos ladrilhos devem ser paralelas às linhas da superfície. Mas como o toro, a garrafa de Klein e o plano projetivo não têm borda alguma, seria concebível pôr um ladrilho num ângulo. De fato, fazendo-se isso, é possível ladrilhar um toro com apenas dois ladrilhos quadrados (Figura 13.8), contanto que permitamos que duas bordas do mesmo ladrilho se encontrem. (Como bônus, há uma prova do teorema de Pitágoras escondida na figura: você consegue ver por quê?)

Ao que parece, não se sabe muito sobre a ladrilhagem da garrafa de Klein. Toda ladrilhagem de uma fita de Möbius pode ser colada ao longo de sua borda (há apenas uma) para produzir uma ladrilhagem da garrafa

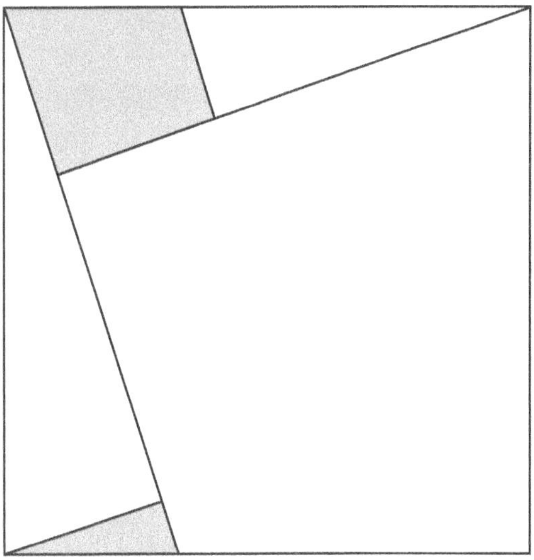

Figura 13.8
Ladrilhagem de um toro com apenas dois ladrilhos – e uma prova oculta do teorema de Pitágoras. (Pista: olhe para o triângulo da direita, cuja hipotenusa é a borda esquerda do diagrama.)

de Klein, e não há nenhuma outra maneira de ladrilhá-la com seis ou menos ladrilhos. Ninguém sabe se isso continua verdadeiro para sete ou oito ladrilhos – mas é falso para nove.

Não se sabe praticamente nada sobre ladrilhagens do plano projetivo. E como seria, digamos, ladrilhar a superfície de um cubo? Todo esse campo continua inteiramente aberto.

- 14 -
A conjectura do fole

Um poliedro com faces triangulares pode ser flexível? Ao contrário do que reza o bom senso, a verdade é que alguns podem. Agora foi provado que nos casos em que um poliedro pode se dobrar, seu volume não se altera, em razão de uma notável fórmula que escapou aos matemáticos clássicos.

Todo carpinteiro amador que já tentou fazer uma estante de livros sabe que os retângulos não são rígidos. Quando nos apoiamos contra um canto de um retângulo, ele se inclina de lado, formando um paralelogramo (Figura 14.1a) – e com toda probabilidade desaba. Um triângulo, por outro lado, *é* rígido: não pode ser deformado sem que pelo menos um lado tenha seu comprimento alterado. Euclides sabia disto, e o expressou na fórmula: "se dois triângulos tiverem lados com os mesmo comprimentos, são congruentes (têm a mesma forma)." De fato, o triângulo é o *único* polígono rígido no plano. Qualquer outra forma poligonal precisa ser firmada de algum modo. Podemos, por exemplo, acrescentar uma ripa em diagonal para quebrar a forma em triângulos (Figura 14.1b), e formas que são elas próprias rígidas podem ser reunidas de três em três (Figura 14.1c).

Uma outra maneira de firmar sua estante de livros é pregar um fundo plano nela. Isto leva a questão à terceira dimensão, em que tudo se torna muito mais interessante e as surpresas abundam. Por quase 200 anos os matemáticos ficaram perplexos com a rigidez ou não de poliedros – sólidos com um número finito de faces que vêm a ser polígonos que se encontram aos pares ao longo de arestas. Até recentemente, supunha-se que todo poliedro de faces triangulares devia ser rígido – mas descobriu-se que isso não era verdade. Existem poliedros "flexíveis", que mudam de forma mesmo que nenhuma face se distorça ou se curve na menor das medidas – voltarei a isto daqui a pouco.

A última descoberta – feita por Robert Connelly, Anke Walz (Cornell) e Idzhad Sabitov (Universidade Estatal de Moscou) – é que os poliedros não podem mudar de volume. Não é possível fazer um poliedro "fole", capaz de se dobrar e soprar ar para fora por um buraco quando seu volume interno se reduz. (E quanto às sanfonas? Ver adiante.) A prova que apresentaram exigiu que descobrissem algumas propriedades inesperadas dos poliedros, que provavelmente se revelarão importantes em pesquisas futuras.

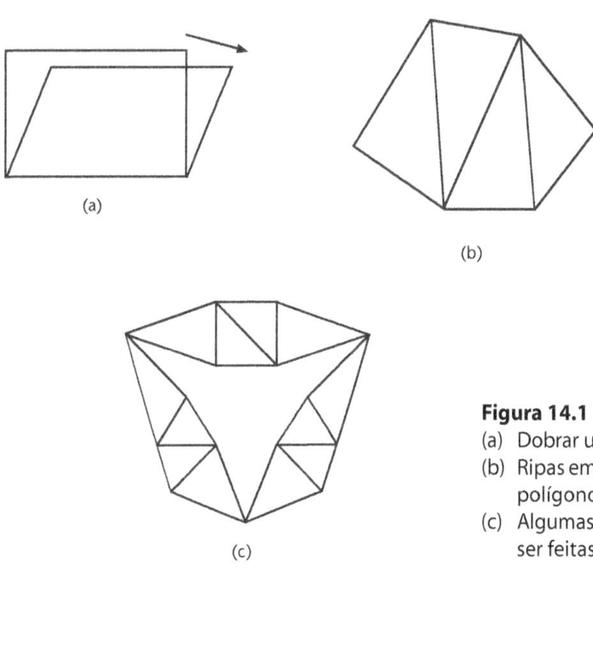

Figura 14.1
(a) Dobrar um retângulo muda sua área.
(b) Ripas em diagonal podem tornar um polígono rígido.
(c) Algumas formas rígidas não precisam ser feitas de triângulos.

Antes de começar com a matemática, é melhor que eu esclareça um aspecto. Quem quer que já tenha dobrado figuras de origami com papel sabe que é possível fazer pássaros que batem as asas, sapos cujas pernas se movem, e assim por diante. Não seriam eles poliedros flexíveis? A resposta é "não", por duas razões. Uma é que o papel tem bordas, e portanto não forma um poliedro. A outra, mais importante, é que quando o sapo de papel mexe as pernas, o papel se *curva* ligeiramente. O mesmo pode ser dito das sanfonas, que à primeira vista parecem ser um fole poliédrico, mas também só funcionam por causa de uma ligeira curvatura (e talvez até de um pequeno esticamento). De agora em diante, nem uma medida de curvatura, nem mesmo por um trilionésimo de mícron, será permitida. Quando um poliedro se dobra, a *única* coisa que pode mudar são os ângulos em que as faces se encontram. Imagine que essas faces estão presas por dobradiças que podem ser flexionadas ao longo das arestas. Tudo mais é perfeitamente rígido.

Toda essa área de estudos foi inaugurada em 1813, quando o grande matemático francês Augustin Louis Cauchy provou que um poliedro convexo – isto é, sem reentrâncias – não pode se dobrar. E se houver reentrâncias? O primeiro poliedro não convexo flexível foi encontrado por Raoul Bricard, um engenheiro francês, e é preciso ressalvar que, em seu exemplo, permitia-se que as faces se interpenetrassem livremente e se movessem umas pelas ouras. Isso é impossível, claro, para um objeto físico real. No entanto, o exemplo de Bricard pode ser realizado se removermos as faces e substituirmos as arestas por varetas rígidas para obter uma estrutura. Bricard inventou também cadeias de poliedros simples, unidos aresta com aresta, que podem se flectir. Segundo o famoso livro de W.W. Rouse Ball, *Mathematical Recreations and Essays* ("Sugestões de leitura"), as mais simples dessas cadeias foram inventadas por M. Andreas e R.M. Stalker. São cadeias de seis ou mais tetraedros regulares – o número deve ser sempre par – articuladas entre si em pares de arestas opostas (Figura 14.2). Com seis tetraedros, a quantidade de movimento é insignificante, mas com oito ou mais, a cadeia pode girar indefinidamente, como um anel de fumaça. Com 22 ou mais, pode até ser atada! Essas formas, contudo, não são verdadeiros poliedros, porque mais de duas faces se encontram ao longo de algumas arestas.

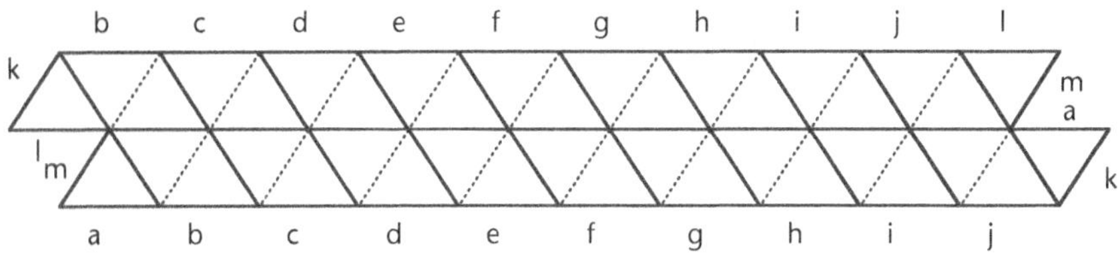

Figura 14.2
Uma cadeia rígida de dez tetraedros. Dobre as linhas cheias em "arestas montes", e as pontilhadas em "arestas vales". Una as pontas de mesma letra.

Esse assunto só ganhou vida realmente na década de 1970, quando Connelly modificou o poliedro flexível "autopenetrante" de Bricard de tal maneira que ele permaneceu flexível, mas cessou de ser "autopenetrante". Poucos anos depois a construção foi simplificada por Klaus Steffen (Universidade de Düsseldorf), de modo a produzir um poliedro flexível com nove vértices e 14 faces triangulares (Figura 14.3). É divertido fazer um modelo com cartolina fina e ver como ele se dobra. Até onde se sabe, este é o poliedro flexível mais simples possível, mas é muito difícil imaginar de que maneira uma afirmação como esta poderia ser provada.

Os matemáticos que investigam estes e outros poliedros flexíveis perceberam rapidamente que, quando eles se dobravam, algumas partes

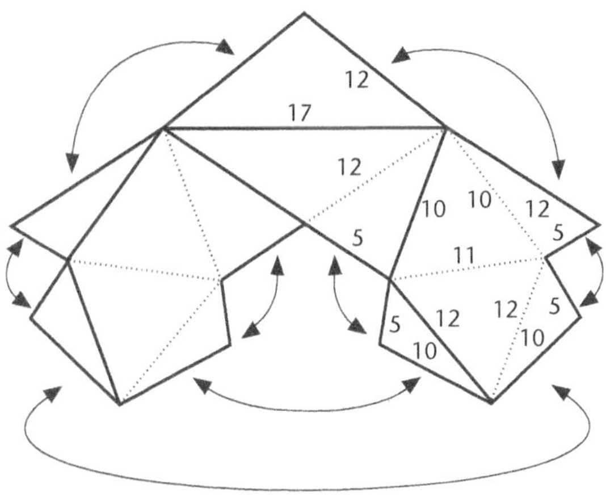

Figura 14.3
Poliedro flexível de Steffen. Dobre as linhas cheias em "montes", a as pontilhadas em "vales".

ficavam mais próximas entre si, enquanto outras se afastavam. Qualitativamente, pelo menos, parecia que o volume total não poderia se alterar durante o movimento. Dennis Sullivan (City University de Nova York) encheu um poliedro flexível de fumaça, dobrou-o, e observou que nenhuma fumaça foi lançada para fora. Esse experimento elegante mas grosseiro sugeriu – mas não provou, é claro – que o volume permanecia inalterado. E assim nasceu a "conjectura do fole". Ela afirma que um poliedro flexível tem volume constante enquanto se dobra – um fole poliédrico é impossível.

O primeiro traço interessante da conjectura do fole é que seu análogo no plano é falso. Quando um polígono flexível, como um retângulo, desaba num paralelogramo, sua área diminui. Claramente há algo de inusitado nesse espaço tridimensional que torna um fole impossível. Mas o quê? O grupo de Connelly concentrou-se numa famosa fórmula para a área de um triângulo, que se acredita ser de Arquimedes, embora costume ser atribuída a Herão de Alexandria, um matemático grego que viveu em algum momento entre 100 a.C. e 100 d.C. Herão expressou essa fórmula e a demonstrou em seus livros *Dioptra* e *Metrica*. A fórmula é mostrada no quadro, mas o que importa aqui são menos os detalhes do que a natureza geral da fórmula. Ela pode ser rearranjada, com uso de álgebra, para dar uma equação que relaciona a área do triângulo com seu três lados. Além disso, esta é uma equação polinômica: seus termos são potências inteiras das variáveis, multiplicadas por números fixos.

A fórmula de Herão

Suponha que um triângulo tem os lados a, b, e c e a área x. Se consideraremos s o semiperímetro:

$$s = (a + b + c)/2$$

Então

$$x = \sqrt{s(s - a)(s - b)(s - c)}$$

Eleve esta equação ao quadrado e rearranje-a para se livrar dos 1/2s; o resultado é

$$16x^2 + a^4 + b^4 + c^4 - 2a^2b^2 - 2a^2c^2 - 2b^2c^2 = 0$$

Esta é uma equação polinômica que relaciona a área x aos três lados a, b, c

Sabitov sugeriu a curiosa – e de início pouco plausível – ideia de que poderia haver uma equação polinomial semelhante para *qualquer* poliedro, relacionando o volume do poliedro ao comprimento de seus lados. Tal equação polinomial seria uma descoberta realmente notável, porque até aquele momento ninguém suspeitara de que tal coisa pudesse existir. Sim, havia algumas fórmulas especiais bem conhecidas – algumas fáceis para cubos e caixas retangulares, e algo um pouco parecido com a fórmula de Herão para tetraedros (sólidos com quatro faces triangulares, pirâmides regulares ou irregulares sobre uma base triangular), apenas menos bem-arrumadas. Mas nada de completamente geral, aplicando-se a qualquer poliedro.

Será que os grandes matemáticos do passado realmente deixaram escapar uma ideia tão maravilhosa? Parecia improvável.

Vamos supor, no entanto, que essa fórmula realmente *exista*. Nesse caso, a conjectura do fole é uma simples consequência dela. A razão é óbvia. A fórmula relaciona o volume aos lados. Quando o poliedro se dobra, os comprimentos de seus lados não mudam – assim, a fórmula permanece exatamente a mesma. Sua solução, o volume, deve portanto também permanecer a mesma.

Na verdade, só há uma questão técnica que merece atenção. Como uma equação polinomial pode ter *várias* soluções diferentes, em princípio o volume poderia saltar de repente de uma solução para outra diferente. No entanto, é óbvio que o volume muda *gradualmente* quando a flexão também é gradual; portanto, seja o que for que aconteça com o volume, ele não pode saltar. Fim da prova.

Quando escrevi pela primeira vez sobre o assunto, alguns leitores me disseram que isso devia estar errado. Por exemplo, se você faz uma casa em forma de caixa com um telhado e vira o telhado de cabeça para baixo, todos os lados continuam com o mesmo comprimento que tinham antes, mas o volume fica muito menor (Figura 14.4). É verdade, mas isso não invalida o raciocínio. Primeiro, os mesmos comprimentos podem corresponder a vários poliedros diferentes (como fazem aqui) porque, como acabei de assinalar, uma equação polinomial geralmente tem várias soluções. O número deve ser finito, mas quanto maior o grau do polinômio,

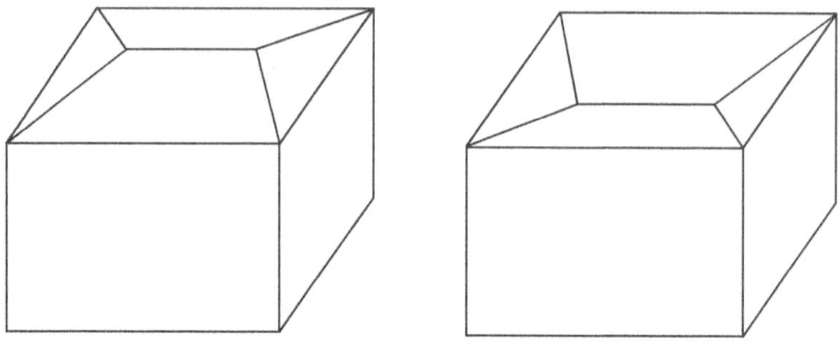

Figura 14.4

(a) Casa com telhado.
(b) Casa com telhado de cabeça para baixo. As duas têm as mesmas medidas, mas o volume é diferente.

mais soluções pode haver. Segundo: você não pode deformar a casa normal, transformando-a na outra, de uma maneira contínua, sem que as faces se dobrem e empenem durante a operação. Objeção refutada!

Seja como for, o problema será resolvido se conseguirmos encontrar uma equação polinomial para o volume de um poliedro em termos de seus lados. Há um ponto de partida óbvio: a fórmula clássica para o volume do tetraedro – o poliedro mais simples. Assim como um polígono pode ser dividido em triângulos, também qualquer poliedro pode ser dividido em tetraedros. Nesse caso, o volume do poliedro é exatamente a soma dos volumes dessas peças tetraédricas. Mas isso, por si só, não resolverá o problema. A fórmula a que conduz envolve todas as arestas de todas as peças, mas muitas delas não são arestas do poliedro original. São de fato diferentes linhas "diagonais" que cortam o polígono de um lado a outro, e cujos comprimentos podem muito bem mudar se o poliedro se dobrar. Assim, a fórmula precisa ser de certa forma massageada algebricamente, para se livrar dessas arestas indesejadas e "colar" todas as equações componentes umas às outras, numa Grande Equação Unificada.

A coisa seria sempre muito complicada. Para um octaedro, com oito faces triangulares, verificou-se que esse procedimento de massagem era possível, mas a equação resultante envolvia a 16ª potência do volume. Poliedros mais complexos envolveriam certamente potências ainda mais elevadas. No entanto, o octaedro foi um bom começo. Em 1996, Sabitov conseguiu redigir um procedimento explícito, mas extremamente complexo, para encontrar equações adequadas. Em 1997 a equipe de Connelly, Sabitov e Walz descobriu uma maneira muito mais simples de chegar ao mesmo resultado.

As razões da existência de tais equações não são plenamente compreendidas. Em duas dimensões, elas não existem – exceto pelo triângulo rígido e a equação de Herão. Em três dimensões, sabemos que existem. Connelly e Walz julgam que sabem como provar uma conjectura do fole quadridimensional. Para cinco dimensões ou mais, o problema continua sem resposta. Mas é fascinante ver como um simples experimento com alguns pedaços de cartolina e um pouco de fumaça deu lugar a uma descoberta matemática fundamental, maravilhosa e totalmente inesperada. Como vemos, de fato *há* ideias simples que os grandes matemáticos do passado poderiam ter descoberto, mas lhes escaparam.

– 15 –
Com quantos homens se faz uma pirâmide?

Quantos homens são necessários para construir uma pirâmide? Mais do que para trocar uma lâmpada, presumivelmente – embora um homem possa dar conta do recado sozinho, se viver o bastante. Um milhão fariam o serviço mais depressa, se não tropeçassem uns nos outros. A resposta certa deve estar entre uma coisa e outra – mas qual seria o número aproximado? O historiador grego Heródoto afirmou que a Grande Pirâmide foi construída por cem mil escravos. A arqueologia mostrou que os operários não eram escravos. A matemática mostra que cem mil é um número grande demais. Tudo é uma questão de energia.

As pirâmides do antigo Egito estão entre os mais enigmáticos mistérios arqueológicos. Várias delas são enormes. A Grande Pirâmide de Quéops, em Gisé, que data de cerca de 2500 a.C., tinha originalmente um volume de mais de 2,5 milhões de metros cúbicos, e uma massa de sete bilhões de quilos. É feita de enormes blocos de pedra, extraídos da pedreira, cortados em pedaços bastante regulares, transportados para o local da construção e depois empilhados uns sobre os outros com assombrosa precisão.

Como os egípcios antigos ergueram essas vastas edificações? Para que eram feitas? Como eram construídas? Em grande parte, ignoramos as respostas – embora saibamos que muitas pirâmides foram usadas como túmulos de reis, e há uma profusão de teorias sobre a construção delas. No entanto, graças um engenhoso trabalho matemático de detetive, levado a cabo por Stuart Kirkland Wier, do Denver Museum of Natural History ("Sugestões de leitura"), temos agora uma boa ideia do tamanho da mão de obra empregada.

Cerca de dois milênios depois que as pirâmides foram construídas, o historiador grego Heródoto afirmou que haviam sido necessários cem mil homens para a erguer a Grande Pirâmide. Mas Heródoto não é uma fonte confiável, e a impressão que se tem hoje é de que ele superestimou a mão de obra em uma ordem de magnitude. Segundo Wier, o número verdadeiro esteve provavelmente em torno de dez mil homens – quantidade surpreendentemente pequena. Como podemos ter certeza quanto ao número de operários empregados, quando não temos nem uma ideia clara sobre a maneira como as pirâmides foram construídas? Contanto que façamos algumas suposições razoáveis sobre a maneira como os egípcios lidavam com os problemas, e presumindo que não eram totalmente incompetentes, podemos estimar a mão de obra a partir de um pequeno número de princípios matemáticos.

Para dar precisão a seus cálculos, Wier trabalha com a pirâmide de Quéops, mas o mesmo método pode ser aplicado a outra pirâmides, com resultados aproximadamente semelhantes. A ideia central é descobrir quanta energia uma pirâmide contém. Por "energia", aqui, me refiro a "energia potencial" – o esforço requerido para erguer uma dada massa a uma dada altura contra a força da gravidade. Se dividirmos a energia potencial da pirâmide pelo número de dias necessários para construí-la, obteremos a energia média exigida por dia para levantar os blocos. A partir disso, precisamos apenas de uma estimativa da quantidade de energia que um típico pedreiro egípcio seria capaz de fornecer por dia para podermos calcular o tamanho médio da mão de obra. Basta dividir a energia total por dia pela energia despendida por um homem-dia típico.

Assim formulado, o cálculo envolve vários pressupostos. Ele omite quaisquer outras atividades que demandam energia, como o transporte do material, o corte das pedras, a construção da maquinaria – até a alimentação da mão de obra. Estabelece um limite inferior para o número de operários, mas não um limite superior. E mesmo que saibamos o tamanho médio da mão de obra, não podemos saber ao certo como o tamanho real variava em torno dessa média. Para aperfeiçoar a estimativa, devemos determinar valores aproximados para quaisquer outras exigências importantes de energia, considerar que grau de eficiência o uso real de energia teria tido, e tentar formar uma ideia do padrão provável de construção. Será que os construtores de pirâmides empregavam mão de obra de tamanho fixo? Ou será que contratavam operários extras quando o projeto o exigia, despedindo-os quando deixavam de ser necessários? Os registros não nos dizem, mas podemos inferir bem mais que o esperado se supusermos que os egípcios se comportavam como pessoas sensatas, racionais.

A maior incerteza é o tempo. Quanto tempo a construção da pirâmide de Quéops demandou? Quéops reinou durante 23 anos. A construção de sua pirâmide não poderia ter começado muito antes de seu reinado, e deve ter terminado antes de sua morte ou pouco depois. Por outro lado, o encarregado da construção não saberia ao certo quando Quéops ia morrer. Assim, para uma estimativa aproximada, a suposição mais simples é que a construção da pirâmide de Quéops exigiu 23 anos – durou tanto quanto o reinado do faraó. Isso equivale a 8.400 dias, supondo que se trabalhou o ano inteiro sem interrupção. O tempo real pode ter sido a metade disso, ou o dobro; em razão dessa incerteza fundamental quanto ao tempo, não faz sentido descer a muitos detalhes ao estimar outros números relevantes.

Algumas informações sobre as técnicas usadas na construção das pirâmides podem ser deduzidas de registros antigos e da disposição do sítio onde elas se erguem (Figura 15.1). As pirâmides foram feitas com blocos de pedra extraídos de pedreiras próximas, cuja localização é por vezes conhecida. A única fonte de energia eram os músculos humanos (não se usava energia hidráulica, por exemplo) auxiliada por ferramentas

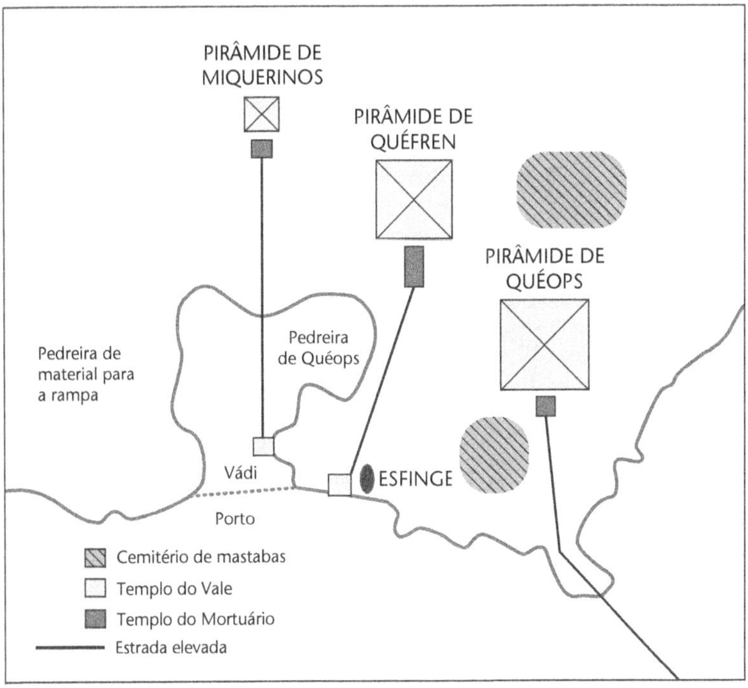

Figura 15.1
Mapa esquemático da pirâmide de Quéops e parte de seus arredores.

primitivas, mas eficazes, como alavancas. Em geral, uma pirâmide era construída em camadas, de baixo para cima – certamente nenhum bloco podia ser inserido antes que os de baixo estivessem em seu lugar. O transporte dos blocos era feito por operários que arrastavam trenós de madeira (entalhes egípcios mostram esse ato). Quanto ao transporte vertical, ninguém sabe como era realizado. As teorias incluem vastas rampas de areia, engenhosos arranjos de alavancas e grandes quantidades de suportes de madeira.

Quando nova, a pirâmide de Quéops tinha cerca de 146,7m de altura, com uma base de $230{,}4\text{m}^2$. O volume de uma pirâmide de altura h que tenha por base um quadrado de lado s é $s^2h/3$, o que neste caso resulta em $2{,}59 \times 106\text{m}^3$, portanto a massa é 7.01×10^9kg. A energia potencial de uma pirâmide (um interessante exercício de cálculo) é $gds^2h^2/12$, onde g é a aceleração pela gravidade (9,81m/seg). Isso equivale a $2,52 \times 10^{12}$ joules, um joule sendo a unidade de energia relevante.

Segundo *The Engineer's Manual* de 1917, a quantidade média de trabalho útil fornecida por um homem em um dia é de cerca de 2,4 × 105 joules. Portanto, o número de homens necessários apenas para erguer os blocos até seu lugar, supondo-se uma eficiência perfeita, é $2,52 \times 10^{12}/(8.400 \times 2,4 \times 10^{5})$, o que é 1.253 joules. Esta estimativa é claramente baixa, porque na prática a eficiência não é perfeita, mas evidencia o esforço exigido – não tanto quanto você esperava.

Para obter uma estimativa mais aproximada é preciso pensar melhor na logística. As pirâmides não são meros amontoados informes de pedras: elas têm galerias e câmaras, algumas das quais são por si só feitos notáveis de engenharia. Mas como empilhar aquelas pedras – essa era de longe a maior parte do trabalho –, e podemos desprezar os detalhes estruturais. A divisão do volume da pirâmide pelo tempo que estimamos para sua construção mostra que, por dia, era preciso pôr no lugar cerca de $310m^3$ de pedra. Como a altura a que um bloco devia ser erguido aumentava, a energia necessária por bloco aumentava também; além disso, a quantidade de espaço de trabalho ia decrescendo à medida que a pirâmide se elevava. Esses fatores deixam claro que uma taxa constante de $310m^3$ por dia não é sensata. De fato, a taxa de instalação das pedras devia ser maior quando a pirâmide estava baixa, e decaiu à medida que ela ganhava altura.

Wier considera três programas de construção representativos para a pirâmide:

A. Uma taxa constante, sujeita à exigência prática de que a área disponível para a instalação de pedras nunca decresça abaixo de $10m^2$ para cada metro cúbico instalado em um dado dia.
B. Uma taxa de construção que decaia linearmente segundo a altura da porção já construída da pirâmide.
C. Uma taxa de construção que decaia lentamente, depois de maneira mais rápida, e por fim volte a diminuir aos poucos.

Esses programas não são propostos como modelos do que os egípcios realmente fizeram, representam apenas possibilidades a serem usadas como guias.

Supondo-se que 8.400 dias sejam necessário para concluir cada programa, a Figura 15.2 mostra como a taxa de construção varia com a altura da porção já construída, e a Figura 15.3, como a taxa de construção varia com o tempo. Por exemplo, o programa (A) requer que 315m³ de pedra sejam instalados a cada dia durante 8.110 dias, após o que a taxa de construção decresce rapidamente por causa do espaço limitado no topo da pirâmide.

Uma vez que se saiba a taxa de construção, é possível estimar a mão de obra. Por exemplo, tome o caso (B). Aqui a taxa de construção começa

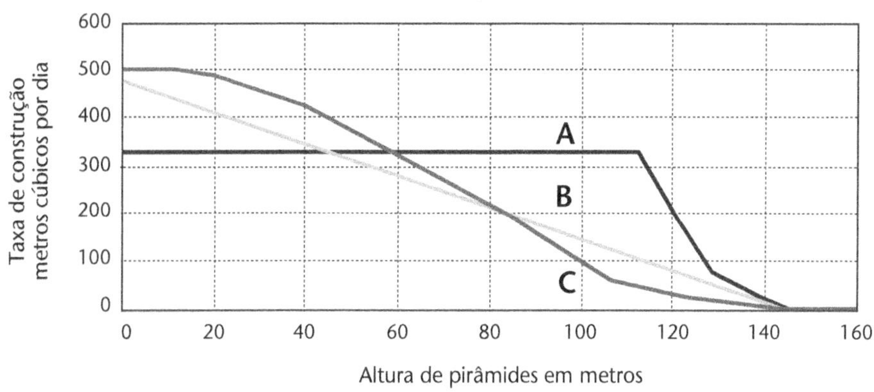

Figura 15.2
Variação da taxa de construção com a altura, para três programas representativos.

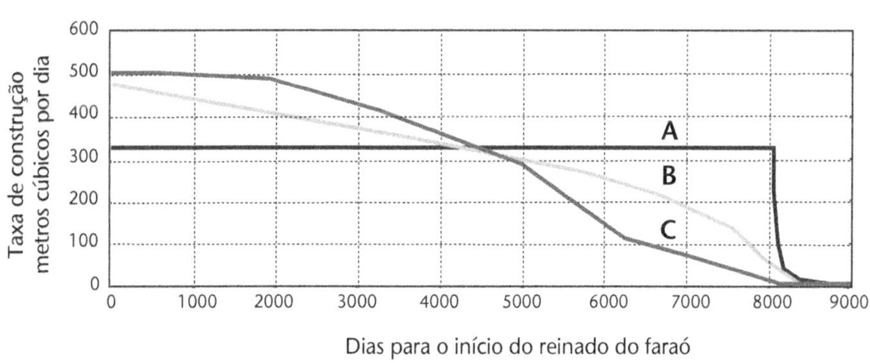

Figura 15.3
Variação da taxa de construção com o tempo, para três programas representativos.

em 462m³ por dia quando a pirâmide tem 0 metros de altura, e declina em aproximadamente 31m³ por dia para cada 10m adicionais de altura. Um truque matemático útil é dividir o movimento das pedras em dois componentes: vertical ("içamento") e horizontal ("arrastamento"). Não estamos supondo aqui que esses dois componentes realmente *aconteceram* separadamente – por exemplo, se as pedras são arrastadas por uma rampa inclinada, os dois componentes mudam simultaneamente. É apenas mais fácil calcular as duas contribuições separadamente.

A parte vertical inclui não somente erguer as pedras pirâmide acima, mas levá-las do fundo da pedreira até o nível da base da pirâmide – distância que sabemos ser de 19m. O número de homens exigido para erguer as pedras pode ser calculado a partir da energia potencial necessária, multiplicada por um fator de incremento, para levar em conta o uso ineficiente de força muscular. A parte horizontal inclui o arrastamento das pedras da pedreira até a pirâmide – uma distância de 635m ou menos – e todos os demais movimentos horizontais necessários para instalá-las no lugar na própria pirâmide. Para encontrar o número de homens necessário para o arrastamento, estimamos o atrito entre um trenó de madeira e o solo arenoso e calculamos o trabalho feito contra o atrito, o que dá a energia envolvida.

Há necessidade de mão de obra também para outros serviços – extrair as pedras da pedreira, cortá-las na forma devida, fazer trenós de madeira e o que for. Wier supõe que todos esses serviços combinados exigissem entre cinco e dez homens por metro cúbico de pedra por dia. Os resultados para o caso (B) são mostrados na Figura 15.4, tomando a estimativa superior de dez homens por dia para esses serviços adicionais. Em nenhum estágio a mão de obra excedeu 12.800 homens – ligeiramente menos que 1% da mão de obra egípcia na época. Os casos (A) e (C) levam a resultados muito semelhantes, deixando claro que qualquer programa razoável de construção teria envolvido uma mão de obra mais ou menos desse tamanho.

Talvez o programa mais simples seja empregar uma mão de obra de tamanho constante, exceto perto do final, quando não há espaço suficiente no topo da pirâmide para nada além de um pequeno número de

Figura 15.4
Exigências estimadas de mão de obra para o programa (B).

ALTURA	IÇAMENTO	ARRASTAMENTO	OUTROS	TOTAL
145	15	5	21	41
140	215	85	321	621
130	860	370	1360	2590
120	1290	590	2120	4000
110	1640	810	2850	5300
100	1930	1030	3540	6500
90	2150	1250	4190	7590
80	2290	1470	4830	8590
70	2370	1690	5400	9460
60	2380	1910	6010	10300
50	2320	2130	6450	10900
40	2190	2350	6960	11500
30	1990	2570	7440	12000
20	1716	2794	7890	12400
10	1380	3010	8210	12600
0	970	3230	8600	12800

operários. O que se constata é que, com as mesmas suposições, 8.300 homens são suficientes para construir a pirâmide de Quéops. Encontram-se resultados semelhantes para as outras pirâmides (Figura 15.5). Apesar do tamanho assombroso das pirâmides, parece que mão de obra não foi um problema.

Como os egípcios ergueram tantas pedras? Segundo uma teoria comum, eles usavam enormes rampas feitas de areia, que mais tarde eram removidas. Não há dúvida de que usavam rampas pequenas para vários fins de construção, mas parece improvável que construíssem rampas gigantescas, elevando-se até o topo da pirâmide. A construção de uma rampa requer muita energia – aproximadamente tanta quanto a construção de uma pirâmide inteira –, e depois é preciso removê-la. Outro problema das rampas é que os operários não precisam apenas erguer as pedras contra a gravidade; precisam erguer *a si mesmos* à medida que galgam a rampa. A menos que usem cordas para o arrastamento, a tarefa não é fácil se a rampa for grande.

Uma solução melhor seria manter o movimento dos operários tão reduzido quanto possível. Uma forma simples e eficiente de conseguir

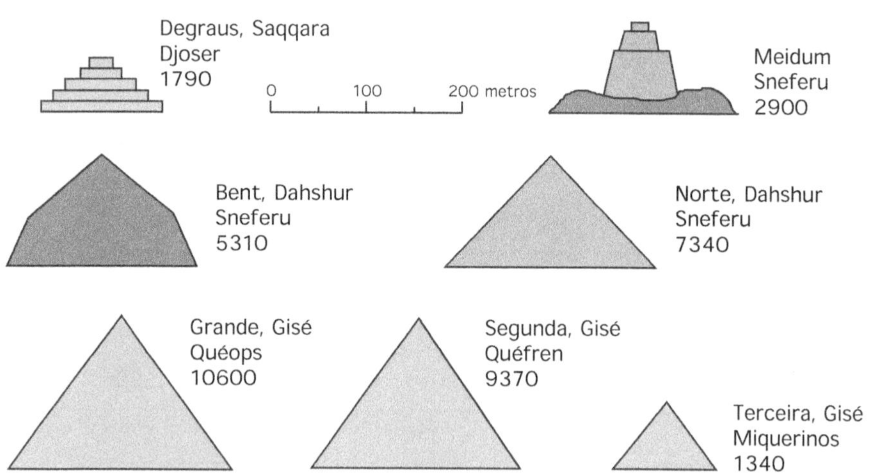

Figura 15.5
Mão de obra estimada para uma variedade de pirâmides sobreviventes.

isso me foi sugerida alguns anos atrás por Alan Moore, um inglês que há muito tempo se interessa por quebra-cabeças envolvendo a tecnologia egípcia. Sua ideia é usar uma série de alavancas subindo pela face da pirâmide. Pedras presas em "sacos" de corda poderiam ser rapidamente passadas de alavanca em alavanca, subindo pela pirâmide passo a passo. Os homens que trabalhassem com as alavancas não precisariam se mover eles próprios para cima ou para baixo, a não ser nos momentos de mudança de turno. Assim que tivesse levantado uma pedra, uma alavanca estaria pronta para levantar a seguinte. Afora o esforço inicial de construir as alavancas, minúsculo se comparado ao resto do trabalho, esse método desperdiça muito pouca energia, e – uma grande vantagem – demanda muito pouco espaço de trabalho.

Talvez nunca venhamos a saber exatamente o que fizeram os egípcios, mas é instrutivo procurar métodos práticos e calcular quanto esforço eles exigiriam. Além disso, como Wier percebeu, alguns dos resultados são em grande parte independentes dos métodos usados, em razão de princípios matemáticos simples, universais.

- 16 -
Seja um grande mestre do Liga-Ponto

Todos nós jogamos Liga-Ponto quando éramos crianças. Desenha-se uma grade retangular de pontos e dois jogadores se revezam, ligando pontos vizinhos. Quando você fecha um quadrado, marca-o com sua inicial: ele é seu. O jogo continua até que todos os pontos estejam unidos. Quem tiver fechado mais quadrados, ganha. Simples? As regras, sim, mas as implicações estratégicas, não. O Liga-Ponto é um dos jogos mais diabolicamente complicados que jamais se inventou. Muito poucas pessoas atingem nele o primeiro nível de competência – ou mesmo suspeitam de que ele exista.

Nunca deixei de me assombrar com as sutilezas matemáticas inerentes ao que parece ser o mais simples dos jogos. Até tal como jogado por crianças, o Liga-Ponto suscita questões que exigem uma matemática sofisticada. O livro de Elwyn Berlekamp, *The Dots and Boxes Game* ("Sugestões de leitura") leva esta linha particular de pensamento a novas alturas. Praticamente todo mundo jogou esse jogo em seus primeiros anos de escola; mas, depois de ler o livro, duvido que uma pessoa em um milhão já o tenha jogado em algum nível próximo do mais elevado padrão alcançável. São poucos os que têm consciência até mesmo da primeira camada de sutilezas envolvidas na estratégia do jogo. Berlekamp deixa claro que há muitas camadas mais profundas – e restam profundezas ainda não perscrutadas.

Recapitulemos as regras. O jogo começa com uma grade retangular de pontos. Os dois jogadores se revezam para traçar uma linha unindo dois pontos adjacentes na horizontal ou na vertical (mas não na diagonal). Quando um jogador traça o quarto lado de um quadrado, escreve nele sua inicial e joga de novo (e *deve* jogar de novo enquanto continuar fechando quadrados.) No final do jogo, quem tiver escrito sua inicial no maior número de quadrados é o vencedor.

Vamos chamar os jogadores de João e Maria e estabelecer a convenção-padrão de que João sempre começa. A Figura 16.1 mostra o jogo típico das crianças (e da maioria dos adultos): vou chamá-lo de jogo de nível 0. O jogador evita, tanto quanto pode, dar um ao outro chances de fechar um quadrado, encontrando jogadas que não criem o terceiro lado de nenhum quadrado potencial. O resultado é que a grade fica dividida numa série de "cadeias". Estas são regiões em forma de serpente delimitadas por linhas, de tal modo que, assim que um jogador consegue fechar um quadrado no início de uma delas, pode continuar "matando" quadrados até esgotar toda a cadeia. As cadeias podem se fechar em circuitos.

Em algum ponto do jogo, a grade fica completamente dividida nessas cadeias – um estado que chamarei de *congestionamento*. Aqui, esse estado é criado por Maria na 12ª jogada. A partir do momento em que o congestionamento se forma, em geral os jogadores traçam a próxima linha na cadeia mais curta disponível, dando assim o menor número de quadrados ao adversário. Depois de completar essa cadeia, o adversário cede ao primeiro jogador a menor cadeia seguinte... e assim segue o jogo.

No jogo ilustrado, há três cadeias congestionadas: elas contêm 2, 3 e 4 quadrados potenciais, respectivamente. No jogo de nível 0, João acaba sendo obrigado a ceder a Maria uma cadeia de comprimento 2. Maria por sua vez cede a ele uma cadeia de comprimento 3, e João é então forçado

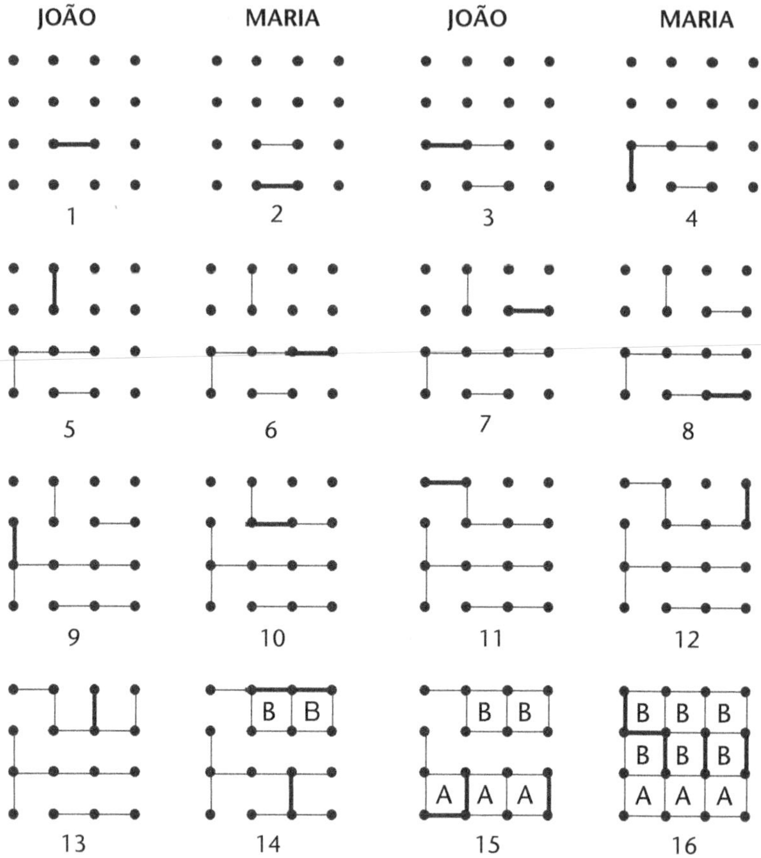

Figura 16.1
Um jogo típico no nível 0.

a presentear Maria com uma cadeia de comprimento 4. Maria vence com 6 quadrados contra os 3 de João.

O nível 1 aperfeiçoa o nível 0 porque os jogadores não perdem de vista quem ganhará depois que o congestionamento for alcançado, e ambos tentam escolher jogadas que assegurem que será ele, não o adversário. No jogo de nível 0, o vencedor depende da paridade (propriedade de ser par ou ímpar) do número de cadeias quando o congestionamento é alcançado, e de quem é o jogador que cede a posse da primeira cadeia ao adversário jogando dentro dela imediatamente após o congestionamento.

Chamemos isso de "abrir" a cadeia. Note que, ao abrir uma cadeia, você a está dando de presente a seu adversário – não é você mesmo que a ganha.

Se o número de cadeias num congestionamento for par, o jogador que abrir a primeira cadeia ganha o jogo, porque cada cadeia que seu adversário completar será igualada ou batida pela cadeia seguinte que ele próprio ganhará. Observe que, nessa situação, o jogador que abre a primeira cadeia faz o último movimento do jogo. Por outro lado, se o número de cadeias for ímpar, o jogador que abrir a primeira perderá o jogo – porque seu adversário ganhará a primeira, e cada cadeia subsequente que ele próprio ganhar será igualada ou batida pela cadeia seguinte feita pelo adversário. Nessa situação, o adversário faz o último movimento do jogo.

Em nosso exemplo, há três cadeias (ímpar) congestionadas, e o número de movimentos necessários para se chegar ao congestionamento é 12 (par). João é forçado a abrir uma cadeia, portanto Maria ganhará a primeira e a segunda cadeias; João terá de se contentar com a segunda.

É o número de movimentos feitos para se chegar ao estado de congestionamento que determina qual será o primeiro jogador a rompê-lo. Se esse número for par, João abrirá a primeira cadeia e Maria fará o primeiro ganho territorial; se for ímpar, Maria abrirá a primeira cadeia e João fará o primeiro ganho territorial. Se João quiser ganhar um jogo em que Maria está jogando no nível 0, terá de garantir que o número de movimentos feitos para se chegar ao congestionamento *mais* o número de cadeias resultante seja par. Nesse caso, ou João abre a primeira de um número par de cadeias, ou Maria abre a primeira de um número ímpar delas. De uma maneira ou de outra, João vence.

No entanto, Maria pode jogar no nível 1 também. Se João estiver jogando no nível 1, ela terá de assegurar que o número de jogadas feito para se chegar ao congestionamento *mais* o número de cadeias resultante seja ímpar. Uma análise cuidadosa das alternativas e alguns movimentos que não levem à formação do congestionamento poderão ajudá-la a alcançar esse objetivo, mas isso nem sempre está assegurado.

Vemos que, mesmo nesse nível baixo de jogo, princípios matemáticos simples, relacionados às paridades dos vários números, estão associados ao estado do jogo. No nível 2, contudo, o jogador derruba esses princípios particulares, recusando-se a jogar a estratégia de nível 1 se ela levar a uma derrota. Neste exemplo, João sabe que, se ambos os jogadores usarem a estratégia de nível 1 após a posição 12, ele perderá. Assim, traça uma estratégia engenhosa para pôr Maria em desvantagem. Na jogada 13 ele ainda abre a cadeia de comprimento 2, dando dois quadrados de presente a Maria. A jogada 14 dela abre a cadeia de comprimento 3 para que João a tome. No movimento 15, porém, João não aceita todos os três quadrados nessa cadeia. Fica com apenas um deles, e depois traça uma linha que deixa um retângulo fechado de 2 × 1, que chamarei de *dominó* (Figura 16.2).

Isso é conhecido como uma *jogada dúplice*. É um "sacrifício": João oferece a Maria uma conquista territorial, mas a põe em posição desastrosa, quer ela aceite o sacrifício ou não. Se ela jogar no dominó, ganhará dois quadrados, mas terá de jogar de novo, abrindo a cadeia de comprimento 4, e João levará o resto, ganhando por 5 quadrados contra 4. Se ela preferir abrir a cadeia de comprimento 4, no entanto, será ainda pior: João levará a cadeia toda e depois as duas casas do dominó também, ganhando o jogo por 7 quadrados contra 2.

Neste caso, a causa de Maria está claramente perdida no momento em que João faz sua jogada dúplice, porque só restará uma cadeia, além do dominó. Suponha, no entanto, que ainda restem várias cadeias. Não seria possível a Maria conquistar algum território fazendo ela própria jogadas dúplices?

Nem sempre. Suponha que se chegou a uma posição em que há alguns dominós, além de algumas cadeias de tamanho 3 ou mais, que de agora

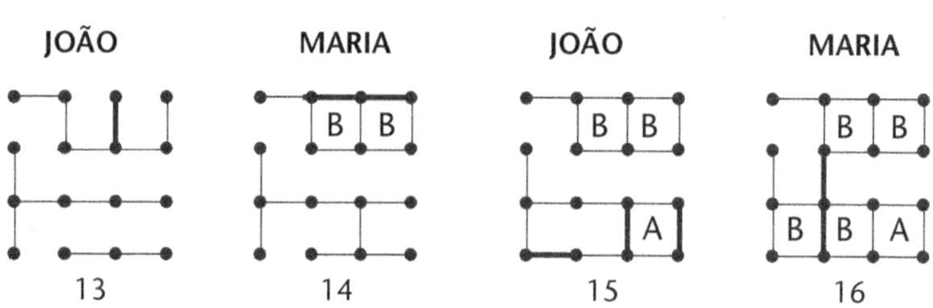

Figura 16.2
Um aperfeiçoamento de nível 2.

em diante chamaremos de "cadeias longas". Suponha que Maria tem de jogar. Ela pode da mesma forma se apoderar de todos os dominós disponíveis – do contrário, João poderá fazê-lo no meio de sua próxima série de jogadas, sem se pôr numa situação pior. Portanto, agora Maria tenta jogar uma estratégia de nível 1 modificada: abrir o menor número de cadeias longas restantes. Nesse caso João será forçado a abrir a menor das cadeias restantes... portanto, tudo depende da paridade no número de cadeias longas, como antes, não é?

Não. Se o número de cadeias longas que restam for ímpar, seria ótimo para João usar uma estratégia de nível 1. Mas se for par (e mesmo que seja ímpar), ele não é obrigado a aceitar a cadeia inteira. Tem a alternativa de usar a estratégia de nível 3, tomando todos os quadrados, *exceto dois*, e terminando com uma jogada dúplice. Maria enfrenta então o mesmo problema que antes, mas já perdeu uma cadeia longa (o que resultou em mudança da paridade). Na verdade, João pode ceder gentilmente dois quadrados por cadeia a Maria, ficando com o resto, e obrigá-la a continuar abrindo cadeias longas.

Se essas cadeias longas contiverem 5 quadrados ou mais, João vencerá todas as vezes. Se contiverem 4, ele e Maria as dividirão. Somente se elas contiverem 3 quadrados a estratégia dará a Maria um quadrado a mais que a João. Se houver várias cadeias longas, e um número suficiente delas tiver comprimento 5 ou mais para compensar as perdas sofridas nas de comprimento 3, João ganhará.

Diremos que um jogador *tem controle* sobre o jogo quando é capaz de forçar seu adversário a abrir uma cadeia longa. Nesse caso, o que compreendemos até agora pode ser resumido a seguir. Uma boa maneira de jogar (talvez não a melhor, porém eficaz contra a maioria dos jogadores) é ganhar o controle e depois conservá-lo, sempre abrindo mão dos dois últimos quadrados em cada cadeia longa. Exceto na última, é claro, quando é mais negócio apoderar-se das duas últimas também. Se houver várias cadeias longas, o que é comum, esta estratégia costuma funcionar muito bem.

Em suma, não se trata propriamente, neste jogo, de ganhar quadrados, mas de ganhar o controle. Agora estamos prontos para passar à estratégia de nível 4. Como você pode ganhar o controle? O fato é que a chave da questão está mais uma vez na paridade, mas primeiro precisamos de um outro conceito. Quando um jogador aceita um dominó, traçando a linha central adquirindo com isto dois quadrados em um movimento, chamamos isso de *traço duplo*. Nesse caso uma estratégia eficaz para se ganhar o controle é:

- João tenta tornar o número de pontos iniciais mais o número de cruzamentos duplos *ímpar*.
- Maria tenta tornar o número de pontos iniciais mais o número de cruzamentos duplos *par*.

Podemos formular esta regra de maneira mais simples observando que, seja qual for o tamanho da grade, o número de pontos mais o número de cruzamentos duplos é igual ao número total de movimentos no jogo. Um pouco de raciocínio leva a:

- João tenta tornar o número de pontos iniciais mais o número final de correntes longas *par*.
- Maria tenta tornar o número de pontos iniciais mais o número final de correntes longas *ímpar*.

Talvez você esteja pensando que isso já está ficando um bocado complicado, mas até agora só chegamos à página 7 das 86 que Berlekamp dedica a estratégia em seu livro. Outros tópicos incluem um jogo estreitamente relacionado a este, chamado Nimstring, e o conceito de soma-nim, que é fundamental para vários jogos. Seria necessário, porém, um outro capítulo, se não dez, para descrevê-lo adequadamente. Dominando essas técnicas, você vencerá mais facilmente em jogos nos quais o escore final é muito apertado.

Descreverei mais um conceito, porém: uma *jogada maluca*. Trata-se do seguinte:

- Completar uma cadeia de tamanho 2 de tal maneira que o adversário possa criar um dominó (jogada conhecida como *esmola involuntária*). Ver Figura 16.3.
- Abrir uma cadeia longa
- Abrir um circuito de tamanho 4 ou mais.

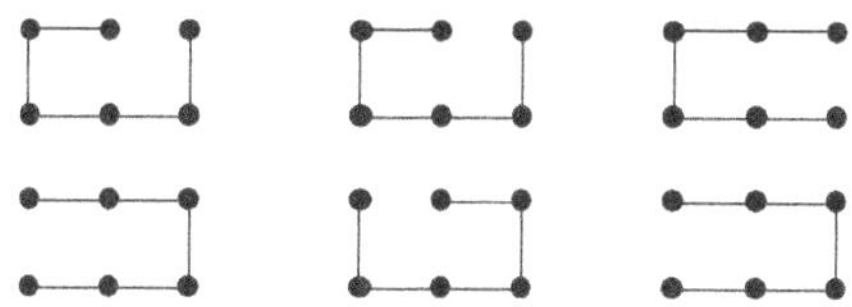

Figura 16.3
Esmola involuntária.

Pode-se provar que, se seu adversário fizer uma jogada maluca, você poderá ganhar pelo menos a metade dos quadrados restantes. No entanto, a prova não é construtiva – isto é, ela não especifica como você deveria jogar para alcançar esse fim. A ideia é que, em todos esses casos, você tem uma escolha entre duas abordagens, e se uma delas for boa para seu adversário, a outra será boa para você. O Nimstring ajuda a lançar alguma luz sobre que movimentos são úteis neste caso.

A maior parte dos jogos disputados por *experts* acaba chegando a uma posição em que todos os movimentos possíveis são malucos. É o *fim de jogo maluco*, que, matematicamente, torna-se muito complexo. Berlekamp o analisa em profundidade. Ganhar um fim de jogo maluco é sobretudo uma questão de ganhar o controle – assim, mais uma vez, estamos de volta ao controle como aspecto decisivo.

O Liga-Ponto é, portanto, um jogo muito mais sofisticado do que em geral se pensa – tão sofisticado que não se conhece nenhuma estratégia vencedora perfeita. Berlekamp o qualifica como, "de longe, o jogo infantil mais rico, matematicamente, do mundo". Nunca subestime o conteúdo matemático de jogos de aparência simples.

- 17 -
Jogos para chocólatras

Yucky Choccy e Chomp são jogos chocolátricos com regras muito parecidas, mas a semelhança termina aí. O primeiro é um "jogo de sonho" com uma fácil estratégia vencedora. O segundo é um "jogo de pesadelo" – sabemos que o primeiro jogador deve ganhar sempre, se fizer o melhor movimento, mas não sabemos que movimento é esse. Em conjunto, esses jogos nos ensinam muito sobre estratégias vencedoras e como encontrá-las. Ou não.

O mero fato de um jogo ter regras simples não assegura que exista uma regra simples para vencê-lo. Às vezes há – o jogo da velha é um bom exemplo. Mas às vezes não – um outro jogo infantil, o Liga-Ponto, em que os jogadores se revezam para unir pontos dispostos numa grade e ganham todos os quadrados que completam, ilustra isso muito bem (ver capítulo 16). Chamo o primeiro tipo de "jogos de sonho", e os outros de "jogos de pesadelo", por razões bastante óbvias. Jogos com regras parecidas podem ser surpreendentemente diferentes no que diz respeito a seu status de sonho ou pesadelo. E, é claro, os jogos de pesadelo costumam ser os mais interessantes, porque podemos jogá-los sem saber antecipadamente quem deverá ganhar – ou, em alguns casos, sabendo quem deverá ganhar, mas não como poderá fazê-lo.

Como uma ilustração desses fatos surpreendentes, discutirei dois jogos disputados em torno de barras de chocolate. Um deles, Yucky Choccy, é um jogo de sonho. O outro, Chomp, embora tenha regras muito parecidas, é um jogo de pesadelo – com o insólito ingrediente extra de que, com jogadas ótimas, o primeiro jogador deveria vencer sempre, mas ninguém sabe como.

Não tenho a menor ideia de quem inventou o Yucky Choccy: o jogo me foi explicado por Keith Austin, um matemático britânico que trabalha na Sheffield University. É disputado sobre uma barra de chocolate idealizada, um retângulo dividido em quadrados menores. Os jogadores – que chamarei de "Uni" e "Duni", segundo a ordem em que jogam – se revezam para quebrar um pedaço de chocolate, que devem comer. Chame esta ação de um *movimento* no jogo. A quebra deve ser uma única linha reta que vai de um lado a outro do retângulo, ao longo das linhas que separam os quadrados. Em um dos cantos da barra, há um quadrado que contém um pedaço de sabão – o jogador que tiver de comê-lo perde. As setas cheias na Figura 17.1 mostram os movimentos numa partida jogada com uma barra de 4 × 4, e as setas sombreadas mostram todos os outros movimentos que poderiam ter sido feitos. O diagrama inteiro constitui a *árvore do jogo* para o Yucky Choccy 4 × 4. Como veremos daqui a pouco, Duni cometeu um grande erro e perdeu o jogo que deveria ter ganho.

Uma *estratégia vencedora* é uma sequência de movimentos que força uma vitória, não importa o que o adversário faça. O conceito de estratégia envolve não apenas um jogo, mas todos os jogos possíveis. Quando jogamos xadrez, a maior parte de nosso planejamento se dá em torno de perguntas do tipo: "Se eu avançar meu peão, que poderia a rainha dele fazer?" As táticas e a estratégia giram em torno de que movimentos nós ou nosso adversário *poderíamos* fazer no futuro, e não apenas dos movimentos que ele efetivamente *faz*.

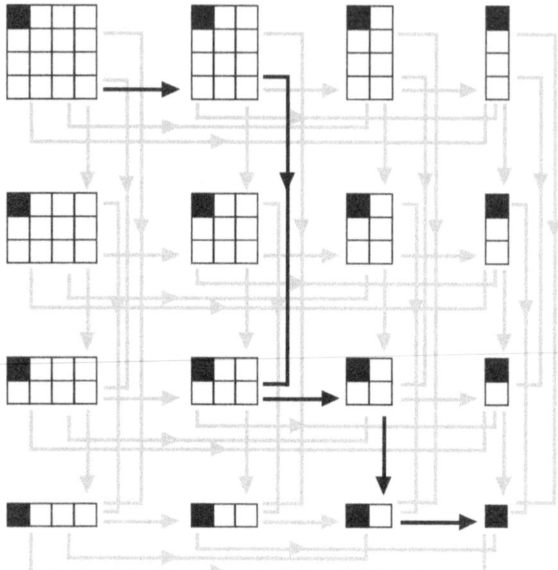

Figura 17.1
A árvore do jogo para o Yucky Choccy 4 × 4. As setas indicam movimentos legítimos (come-se o pedaço removido). O quadrado preto é de sabão. As setas cheias indicam um jogo real, as sombreadas mostram movimentos alternativos que poderiam ter sido feitos.

Há uma engenhosa teoria de estratégias para jogos "finitos" – aqueles que não podem prosseguir para sempre e em que empates são impossíveis. Ela se funda em dois princípios simples:

1. Uma posição é vencedora se você pode fazer algum movimento que porá seu adversário numa posição perdedora.
2. Uma posição é perdedora se *qualquer* movimento que você pode fazer porá seu adversário numa posição vencedora.

A lógica aqui pode parecer circular, mas não é: é recursiva. A diferença é que com um raciocínio recursivo tem-se um lugar para começar. Para mostrar como, usarei os dois princípios acima para encontrar uma estratégia vencedora para o Yucky Choccy 4 × 4. O truque é começar do fim e ir recuando, processo chamado "poda da árvore do jogo".

O único pedaço com sabão ■ é uma posição perdedora. Vou simbolizar esse fato com o diagrama

P * * *
* * * *
* * * *
* * * *

cujas entradas referem-se não a uma barra de chocolate, mas às várias posições marcadas na Figura 17.1. Aqui "P" significa "posição perdedora", * significa "ainda não sabido" e "V" significará "posição vencedora" depois que eu encontrar alguma. De fato, as posições ■□ ■□□ ■□□□ são todas vencedoras, porque você pode retirar todos os quadrados brancos em um movimento, deixando para seu adversário um único pedaço na posição perdedora. De maneira equivalente, há setas na árvore do jogo que conduzem dessas posições diretamente a ■, e por princípio (1), todas essas posições são vencedoras. Por razões semelhantes, as mesmas posições giradas em um ângulo reto são também vencedoras, de modo que agora podamos todos os galhos da árvore do jogo que levam em um só passo ao único pedaço de sabão, o que nos revela o status dessas posições:

P V V V
V * * *
V * * *
V * * *

Que acontece com 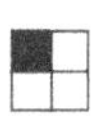? Bem, os únicos movimentos que você pode fazer são  ou 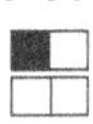, e depois de remover todos os pedaços brancos, você deixa uma posição vencedora para seu adversário. O princípio (2) nos diz que 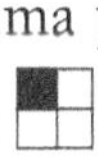 é uma posição perdedora, de modo que podemos podar mais um galho para obter

P V V V
V P * *
V * * *
V * * *

Isto por sua vez implica que 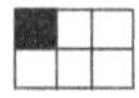 , 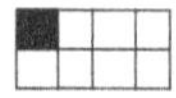 , e assim por diante são posições vencedoras (retire um naco para deixar ) levando a

P V V V
V P V V
V V * *
V V * *

Trabalhando de trás para diante desta maneira, é possível deduzir finalmente o status vencedor/perdedor de qualquer posição. A lógica funciona não em círculos, mas em espirais encadeadas, descendo pela árvore do jogo de folha para haste, de haste para ramo, de ramo para galho... Daí a imagem da "poda". Mas é preciso começar pelo fim, o que é um inconveniente. O que realmente queremos fazer, porém, é derrubar toda a árvore do jogo com uma machadada só para descobrir o status da posição de abertura – e, se esta for uma posição vencedora, descobrir que movimento fazer. Para jogos com uma árvore pequena, não há dificuldade: podas repetidas indicam o status de todas as posições. Podemos fazer isso na Figura 17.1, para obter

P V V V
V P V V
V V P V
V V V P

Portanto a posição 4 × 4, por exemplo, é perdedora.

Se você experimentar jogar com barras de chocolate maiores, quadradas ou retangulares, descobrirá rapidamente que surge o mesmo padrão: os perdedores moram ao longo da linha diagonal, todas as outras barras são vencedoras. Ora, as barras na diagonal são as quadradas: 1 × 1, 2 × 2, 3 × 3, 4 × 4. Isso sugere uma estratégia simples que deveria se aplicar a barras de qualquer tamanho: quadrados são perdedores, os outros retângulos são vencedores. Tendo percebido este padrão aparente, podemos verificar sua validade *sem* passar por toda a árvore do jogo observando as propriedades (1) e (2). O raciocínio é o seguinte: claramente, todo retângulo (vencedor) pode sempre ser convertido num quadrado (perdedor) em um movimento. Em contraste, seja qual for o movimento que você faça a partir de um quadrado (perdedor), não pode evitar deixar um retângulo (vencedor) para seu adversário. Além disso, ■ é quadrado, e sabemos que é uma posição perdedora. Tudo isto é coerente com os princípios (1) e (2); portanto, procedendo de trás para diante, deduzimos (recursivamente) que todo quadrado é um perdedor e todo retângulo um vencedor. Vemos agora que o primeiro movimento de Duni na Figura 17.1 foi um erro. E vemos que Yucky Choccy é um jogo de sonho, seja qual for o tamanho da barra.

Em princípio, o mesmo processo aplica-se a qualquer jogo finito. A posição de abertura é a "raiz" da árvore do jogo. No outro extremo estão as pontas dos ramos mais afastados, que terminam em posições nas quais um ou outro jogador venceu. Como conhecemos o status vitória/perda dessas posições terminais, podemos passar de trás para diante pelos galhos do jogo usando os princípios (1) e (2), rotulando a posições de "vitória" ou "perda" à medida que recuamos. Na primeira vez, determinamos o status de todas as posições que estão a um movimento de distância do fim do jogo. Na vez seguinte, determinamos o status de todas as que estão a dois movimentos de distância do fim do jogo, e assim por diante. Como, por definição, a árvore do jogo é finita, acabamos chegando à sua raiz – a posição de abertura. Se esta receber o rótulo "vitória", Uni tem uma estratégia vencedora; se não, é Duni quem a tem.

Podemos até descobrir, novamente em princípio, qual a estratégia vencedora. Se a posição de abertura for "vitória", Uni deveria sempre se mover para uma posição rotulada "perda" – que Duni deverá então enfrentar. Como esta é uma posição perdedora, qualquer movimento que Duni faça presenteará Uni com uma posição "vitória". Assim, Uni pode repetir a mesma estratégia até o jogo terminar. De maneira semelhante, se a posição de abertura tiver o rótulo "perda", Duni tem uma estratégia vencedora, com a mesma descrição. Desse modo, em jogos finitos que não admitem empate, mover-se de trás para diante pela árvore do jogo decide em princípio o status de todas as posições, inclusive a de abertura. Digo "em princípio" porque se a árvore do jogo for muito grande os cálculos tornam-se impraticáveis. E mesmo jogos simples podem ter árvores enormes, porque árvores de jogo envolvem todas a posições possíveis e todas as linhas de jogo possíveis. Isso abre a porta para os jogos de pesadelo.

Comparemos agora Yucky Choccy com um jogo na qual, embora as regras sejam quase as mesmas, torna-se impossível podar rapidamente a árvore do jogo – e, mesmo nas ocasiões em que *é* possível, a poda não revela qualquer padrão capaz de levar a uma receita estratégica simples. Trata-se do Chomp, inventado muitos anos atrás por David Gale (Universidade da Califórnia, em Berkeley) e descrito em seu maravilhoso livro sobre matemática recreativa *Tracking the Automatic Ant* ("Sugestões de leitura"). Gale descreve o Chomp usando um arranjo retangular de biscoitos, mas vou continuar com o chocolate (o melhor é usar um arranjo de botões ou coisa parecida). O Chomp é exatamente como o Yucky Choccy, com uma única diferença: nele, é legítimo remover um pedaço retangular de chocolate, como na Figura 17.2. Um jogador escolhe em especial um quadrado componente e em seguida remove todos os quadrados naquela fileira e coluna, juntamente com todos os que estão à direita e acima deles.

Há uma prova engenhosa de que, para qualquer tamanho de barra (Figura 17.3a), exceto 1 × 1, Chomp garante a vitória para Uni. Suponha, ao contrário, que Duni tem uma estratégia vencedora. Uni joga removendo o quadrado superior direito (Figura 17.3b). Isso não pode pôr Duni diante

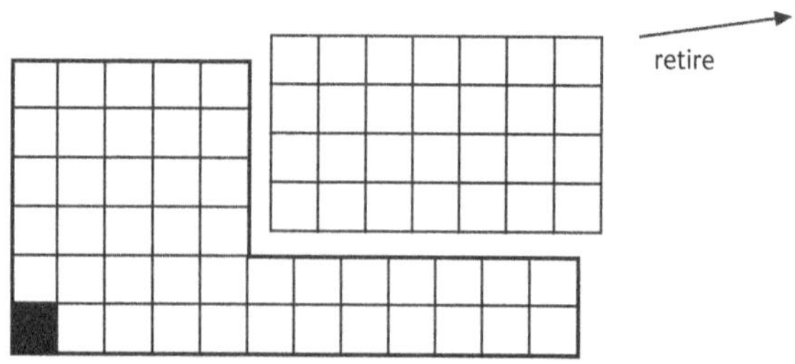

Figura 17.2
Movimento típico no Chomp.

de uma posição perdedora, pois estamos supondo que a posição de abertura é perdedora para Uni. Assim, Duni pode fazer um movimento vencedor, algo como o mostrado na Figura 17.3c, para deixar Uni diante da mesma posição perdedora. Como isso contradiz a suposição de que Duni tem uma estratégia vencedora, essa suposição deve ser falsa. Portanto, Uni tem uma estratégia vencedora.

Provas desse tipo são chamadas "furto de estratégia". Se Uni pode fazer um movimento "bobo", fazer de conta que é o segundo jogador e vencer seguindo uma estratégia que deveria ser uma estratégia vencedora para Duni, nesse caso, para início de conversa, Duni não poderia ter essa estra-

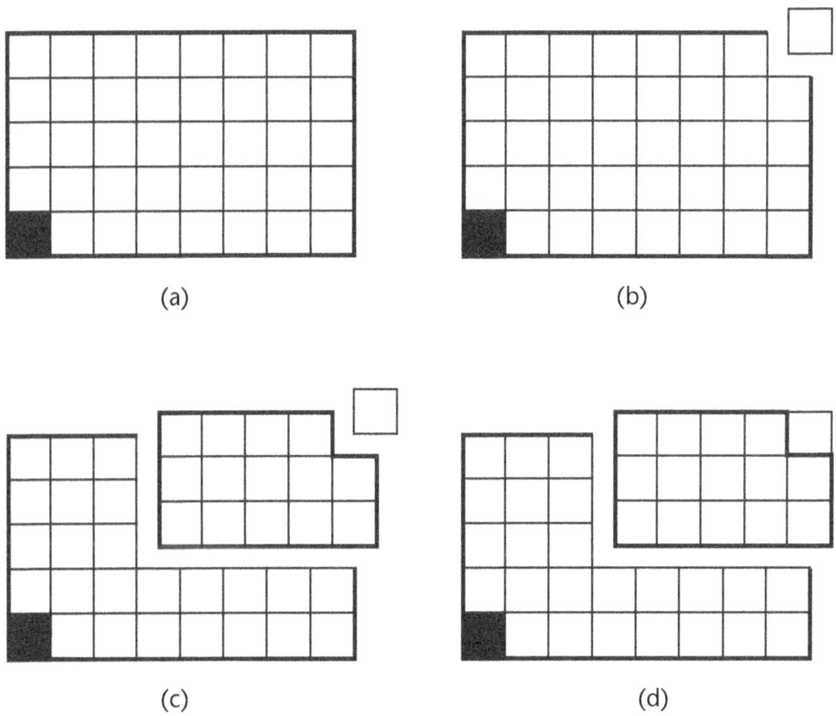

Figura 17.3
(a) Barra de Chomp pronta para um furto de estratégia.
(b) Se Uni fizer isto...
(c) ... e Duni fizer um movimento supostamente vencedor...
(d) ... Uni poderia ter jogado o movimento de Duni primeiro.

tégia – o que implica que Uni deve ter uma estratégia vencedora. A ironia desse método de prova, quando funciona, é que muitas vezes ele não dá pista alguma sobre qual deveria ser a estratégia vencedora de Uni!

Para o Chomp, não se conhecem estratégias vencedoras detalhadas, exceto em um pequeno número de casos simples. No caso $2 \times n$ (ou $n \times 2$), Uni pode sempre assegurar que Duni se veja diante de uma posição que é um retângulo menos um único quadrado no canto (Figura 17.4a). No caso $n \times n$, Uni remove tudo exceto uma borda em forma de L (Figura 17.4b), e depois copia todos os movimentos de Duni, mas projetados na diagonal. Alguns outros pequenos casos são conhecidos: por exemplo, no Chomp 3×5, o único movimento vencedor para Uni é o mostrado na Figura 17.4c. O movimento vencedor não precisa ser único: no jogo 6×13 há dois movimentos vencedores diferentes.

Outras informações sobre posições no Chomp podem ser encontradas em *Winning Ways*, de Berlekamp, Conway e Guy ("Sugestões de leitura").

Figura 17.4
Movimentos vencedores.
(a) Chomp $2 \times n$
(b) Chomp $n \times n$
(c) Chomp 3×5

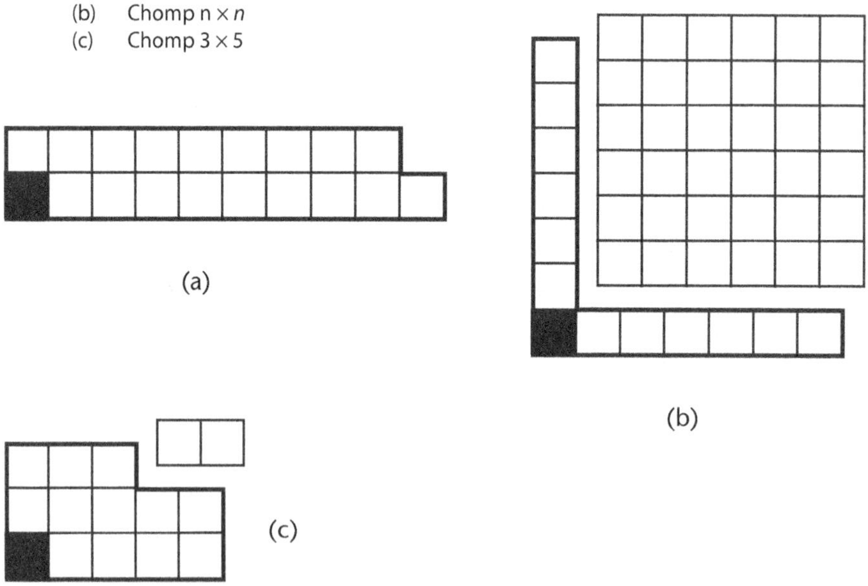

O Chomp pode também ser jogado com uma barra de chocolate infinita – caso em que, paradoxalmente, continua sendo um jogo finito, porque, após um número finito de movimentos, resta somente uma porção finita da barra. Mas há uma mudança: Duni deve ganhar às vezes. Isso acontece, por exemplo, com a barra $2 \times \infty$. A Figura 17.5 mostra que, faça Uni o que fizer, Duni pode escolher uma resposta que leva à Figura 17.4a, que já sabemos ser uma posição perdedora. Estritamente falando, eu deveria ser mais cuidadoso aqui. Por ∞ quero dizer o conjunto dos números inteiros positivos em sua ordem usual, que os teóricos dos conjuntos simbolizam como ω ("ômega") e chamam de "o primeiro ordinal infinito". Há muitos outros ordinais infinitos, mas suas propriedades são técnicas demais para que eu as descreva aqui: veja o livro de Gale para maiores detalhes. O Chomp pode ser jogado em arranjos duplamente infinitos de ordinais, ou em três ou mais dimensões. Na maioria dos casos, pouco se sabe sobre estratégias vencedoras para essas generalizações.

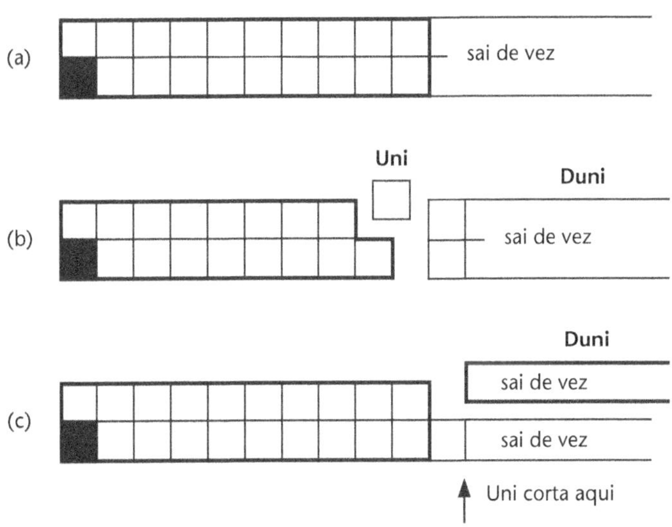

Figura 17.5
Como Duni vence o Chomp $2 \times \infty$.
(a) Começo
(b) Um tipo de jogada possível para Uni e sua resposta
(c) O outro tipo de jogada possível para Uni e sua resposta

- 18 -
Reflexões no salão de espelhos

Se duas pessoas estiverem num salão de espelhos e uma delas acender um fósforo, poderá a outra sempre ver a chama – refletida em alguma série de espelhos, talvez pálida, muito pálida, mas visível, se for luminosa o bastante? Com espelhos curvos, a resposta é "não". Mas e se forem planos? Em 1955, foi provado que, também nesse caso, a resposta é "não". Muito a propósito, a prova envolve um inteligente jogo de reflexões.

Ângela está postada num salão de espelhos – um aposento cujas paredes são perfeitamente refletoras. Em outro ponto da sala, seu amigo Bruno acende um fósforo. Será verdade que, onde quer que os dois estejam, Ângela poderá sempre ver a chama do fósforo ou um de seus reflexos, contanto que olhe na direção certa? Ou, o que é equivalente, a sala é "iluminável de qualquer ponto", no sentido de que a luz do fósforo enche a sala inteira – não deixando de iluminar nem um ponto isolado –, onde quer que o fósforo se localize?

O problema foi suscitado pela primeira vez por Victor Klee em 1969, mas pensa-se que suas origens são anteriores, remontando pelo menos a

Ernst Straus, na década de 1950. Ele se apresenta em diversas variantes: a sala pode ser apenas um plano bidimensional, ou uma forma genuinamente tridimensional. Neste último caso, o piso e o teto – ou, de maneira mais geral, todas as superfícies internas – também devem ter espelhos. Quer a sala tenha duas ou três dimensões, podemos formular a pergunta para salas com lados planos (polígonos, em duas dimensões, poliedros, em três dimensões) ou curvos. Em todas as versões do problema, a idealização matemática padrão substitui o olho de Ângela e a chama de Bruno por pontos que *não* se situam nos limites cobertos de espelhos, e supõe-se que tanto Ângela quanto Bruno são transparentes. A lei da reflexão em qualquer parte dos limites é a usual: "ângulo de incidência igual a ângulo de reflexão". Esses ângulos são definidos apenas em pontos dos limites que possuem uma única tangente, de modo que se costuma supor que a luz que atinge qualquer ponto nos limites sem uma tangente única – como o vértice de um polígono ou poliedro, um local em que seu limite muda repentinamente de direção – é "absorvida" e não continua se propagando.

Em duas dimensões, uma resposta negativa – que descreverei mais tarde neste capítulo – foi fornecida por L. Penrose e Roger Penrose em 1958. Ela exigia paredes curvas, e até muito pouco tempo o problema para salas poligonais no plano permaneceu sem resposta. Sua solução foi publicada por George Tokarsky na edição de dezembro de 1995 de *The American Monthly* ("Sugestões de leitura"). A elegante prova que ele propôs envolve, de maneira apropriada, um "truque de reflexão" e, como toda a matemática da melhor espécie, é assombrosamente simples. O mesmo tipo de truque de reflexão é bastante usado em matemática. Tokarsky generaliza seu método para fornecer muitos outros exemplos em duas e três dimensões em que salas de lados planos não são ilumináveis de todos os pontos.

A ideia-chave é começar com um triângulo reto isósceles – um quadrado dividido ao meio ao longo de uma diagonal, com um ângulo de 90° e dois de 45°. Podemos "desdobrar" um triângulo assim num padrão de treliça regular (Figura 18.1) refletindo-o repetidamente em seus três lados. Se você fizesse uma sala cujo plano do piso tivesse essa mesma forma e cujas paredes fossem todas espelhadas, e ficasse dentro dela, as paredes produziriam um efeito de caleidoscópio e você "veria" esse padrão de treliça.

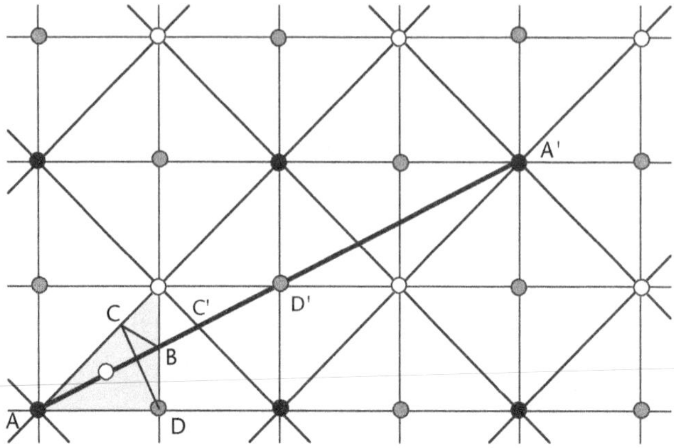

Figura 18.1
Um triângulo reto isósceles (sombreado) "desdobra-se" por reflexão, formando uma treliça: os pontos mostram a correspondência entre pontos da treliça e vértices do triângulo. Um raio de luz como ABCD também se desdobra, produzindo uma trajetória em linha reta ABC'D'. Qualquer raio de luz que retorne de A a A se desdobra de maneira semelhante para produzir uma linha reta como AA'. No entanto, essa linha deve passar através de um ponto cinza ou branco da treliça (aqui D'), de modo que o raio original deve atingir um vértice e ser absorvido.

A treliça é usada para provar um fato fundamental: se um fósforo é aceso num dos ângulos de 45° de uma sala que tivesse a forma desse triângulo com paredes de espelho, nenhum raio que emane dele pode retornar a ele, não importa quantas vezes ricocheteie dos espelhos. Por exemplo, o segmento BC dentro do triângulo desdobra-se em BC' do outro lado da parede, e, continuando o processo, CD desdobra-se em C'D'. Assim ABCD aqui se desdobra para dar ABC'D'. A lei da reflexão implica que o raio desdobrado ABC'D' é uma linha reta, e este fato é igualmente crucial para tudo que vem a seguir.

Colorimos os três vértices do triângulo de tal modo que o vértice A num ângulo de 45° é preto, o outro vértice de 45° é branco e o vértice de 90° é cinza. O caminho ilustrado ABCD termina em D porque esse é um canto do triângulo: de maneira equivalente, o ponto D' "desdobrado" situa-se na treliça. Sustentamos que se houvesse um caminho levando de A de volta a A, a mesma coisa aconteceria necessariamente – o que implica que um caminho como esse não existe.

Para provar isso, imagine que temos algum caminho de A para A e o desdobramos para obter um caminho em linha reta de A para algum ponto A' na treliça. Como A' se dobra para dar A, segue-se que A' é um dos pontos pretos na treliça. Agora os pontos pretos ficam separados por um número *par* de unidades da treliça nas direções tanto horizontal quanto vertical – suas coordenadas são números inteiros pares. Isto implica que em algum lugar ao longo da linha AA' deve haver um ponto da treliça que é branco ou cinza. Este fato é óbvio se o espaçamento horizontal ou vertical for duas vezes um número ímpar, porque nesse caso o ponto médio de AA' tem pelo menos uma coordenada que é um número inteiro ímpar, sendo portanto um ponto cinza ou branco da treliça. Esta argumentação não funciona se ambas as coordenadas forem números múltiplos de quatro, mas, nesse caso, o ponto médio A" de AA' é um ponto preto da treliça, e podemos tomar AA" e tentar novamente. O ponto médio desse segmento é um ponto cinza ou branco da treliça, ou ambas as coordenadas de A' *também* são múltiplos de 4. Neste último caso, podemos substituir A' pelo novo ponto médio A", e assim por diante. Após um número finito dessas substituições, o primeiro caso da argumentação deve se aplicar. Por exemplo, se as coordenadas de A' forem 48, horizontalmente, e 28, verticalmente, A' tem coordenadas (24,14) e A" tem coordenadas (12,7). O ponto médio de AA" é portanto um ponto cinza ou branco da treliça.

Tendo estabelecido que qualquer caminho desdobrado que una A a um ponto preto da treliça deve atingir um ponto cinza ou branco da treliça, agora dobramos o caminho de novo para concluir que o caminho original dentro do triângulo atinge um dos outros dois cantos (e é portanto absorvido) antes de retornar a A. Isso é o que queríamos estabelecer.

Podemos construir salas poligonais juntando segmentos horizontais, verticais ou diagonais da treliça desenhada na Figura 18.1. Suponha que um raio de luz ricocheteie de cá para lá numa sala como esta, começando num ponto preto (Bruno) e terminando num outro ponto preto (Ângela), e ricocheteia nas paredes segundo a lei da reflexão. Nesse caso podemos dobrar esse caminho para obter uma trajetória da luz no triângulo reto equilátero original que gera a treliça. Acabamos de estabelecer, contudo, que qualquer caminho como este atingirá um vértice cinza ou branco, e desdobrando novamente concluímos que o caminho original deve atingir um ponto cinza ou branco da treliça. Desse modo, qualquer raio de luz que comece em Bruno, ricocheteie das paredes espelhadas e termine em Ângela deve encontrar um ponto cinza ou branco no trajeto. Suponha que arranjemos as coisas de modo a obedecer às três condições seguintes:

- Os dois pontos pretos (que representam Ângela e Bruno) estão no interior da sala.
- Não há qualquer ponto cinza ou branco no interior da sala.
- Todos os pontos cinza ou brancos nos limites da sala se localizam num vértice.

Nesse caso qualquer raio que atingir um ponto cinza ou branco deve atingir um vértice, e portanto ser absorvido – de modo que esse raio simplesmente não existe.

Na Figura 18.2 dá-se um exemplo de uma sala assim. Se você tentar desenhar uma, verá que é preciso alguma engenhosidade para assegurar que todas as três regras acima sejam respeitadas. É mais fácil do que poderia imaginar ter pontos cinza ou brancos da treliça, no limite, mas não em um vértice, por exemplo, e isso exige que você acrescente triângulos

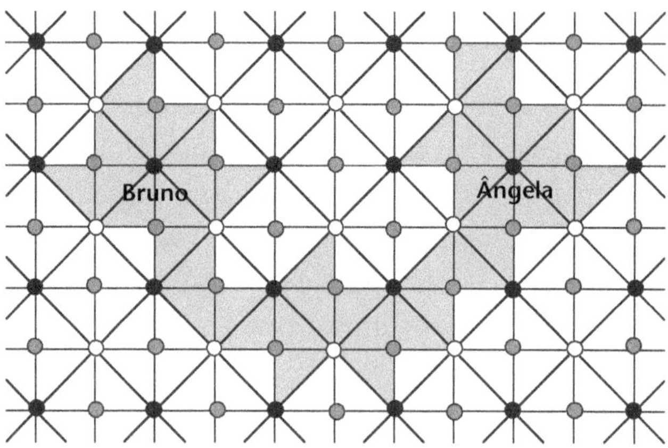

Figura 18.2
Um salão de espelhos em que Ângela não pode ver a chama do fósforo de Bruno.

adicionais para introduzir curvas adicionais nos limites; e, se você não tiver cuidado, eles poderão criar no interior da treliça pontos extras que você não deseja porque violariam a segunda regra... Mas com um pouco de cuidado é bastante fácil.

A sala mostrada na Figura 18.2 foi construída com 39 cópias refletidas de triângulos retos isósceles mais o original. O artigo de Tokarsky inclui uma sala com somente 29 triângulos. Você é capaz de encontrá-la? Alguém consegue fazer melhor? Que tal minimizar o número de bordas? Tokarsky desenvolve também uma teoria similar para salas obtidas por meio do "desdobramento" de um quadrado, em vez de um triângulo reto isósceles (Figura 18.3a), triângulos com outras formas (Figura 18.3b) e salas tridimensionais obtidas com o uso de princípios semelhantes de reflexão.

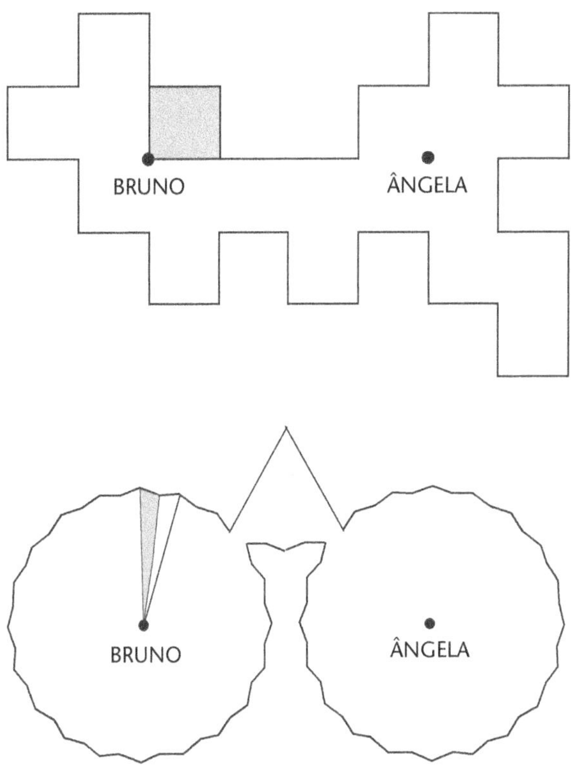

Figura 18.3
Ângela também não pode ver a chama do fósforo de Bruno em salas criadas pela reflexão de

(a) quadrados e

(b) triângulos cujos ângulos sejam 9°, 72° e 99°.

Estes exemplos mostram que, numa sala poligonal, podem existir posições em que um fósforo iluminaria todos os pontos da sala. No entanto, tudo que conseguimos provar é que pelo menos um ponto da sala não é iluminado. Seria possível haver uma região inteira de área não zero que não fosse iluminada? Este é um problema inquestionavelmente mais complicado – por exemplo, na Figura 18.1 ele não fica claro, e certamente não provamos que os raios começando em Bruno não podem passar tão perto de Ângela quanto desejamos. Tudo que sabemos é que eles não podem atingi-la *exatamente*. Para salas poligonais, ao que parece, a resposta não é conhecida, mas se a sala tiver lados curvos, uma hábil argumentação desenvolvida pelos Penrose mostra que pode haver regiões não iluminadas. Lembremos que a curva conhecida como elipse tem dois pontos especiais conhecidos como focos (Figura 18.4a).

Figura 18.4

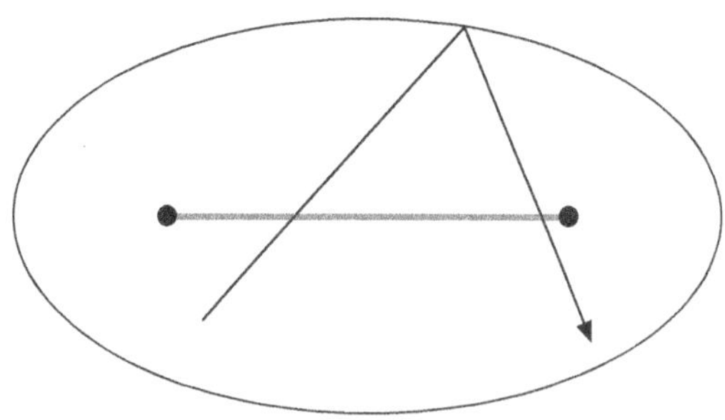

(a) Um raio que passe entre os focos de uma elipse passa novamente entre eles quando refletido de volta.

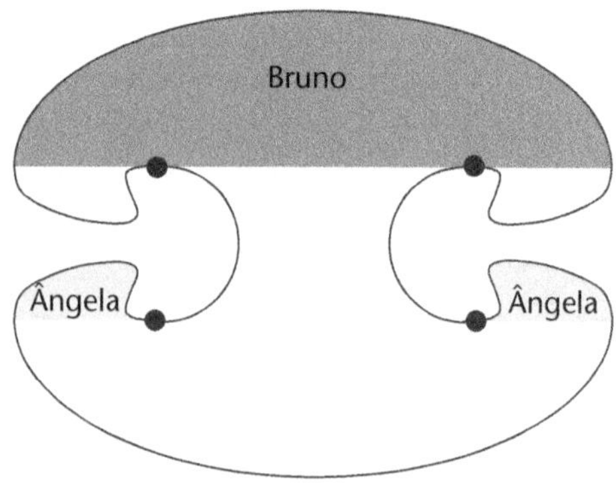

(b) Duas semielipses com focos como mostrado, unidas por curvas ondulantes cuja forma precisa não importa. Nenhum raio que se origine na região "Bruno" poderá jamais atingir qualquer das duas regiões "Ângela".

Pode-se provar que qualquer raio de luz que passe entre os dois focos e ricocheteie da curva passará de novo entre os dois focos antes de atingir a curva outra vez. Por "passar entre" os focos queremos dizer "cruzar o segmento de reta que os une". Tendo esta propriedade em mente, é fácil verificar que a sala na Figura 18.4b tem regiões não ilumináveis. Em particular, os raios que se originem na região sombreada rotulada como Bruno nunca poderão penetrar a região levemente sombreada rotulada como Ângela.

Numa carta, Tokarsky enviou-me outros exemplos e algumas generalizações. Entre elas, as que se seguem. Há salas poligonais em que, se você estiver em certo ponto, não poderá ver seu próprio reflexo, como mostra a Figura 18.5. A Figura 18.6 mostra uma sala não iluminável com 24 lados (menos do que nos exemplos listados acima). E embora todos os exemplos de salas não ilumináveis que mostrei até agora tenham um número par de lados, há um com 27 lados, um número ímpar (Figura 18.7).

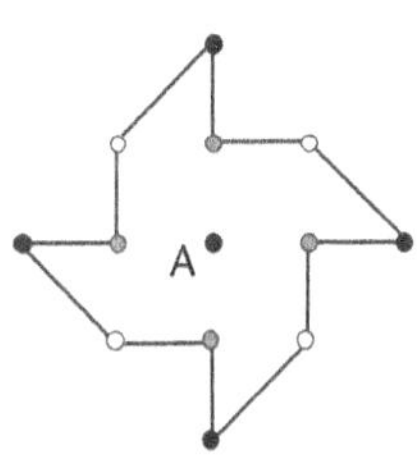

Figura 18.5
Sala em que, se você estiver no ponto A, não poderá ver sua própria imagem refletida.

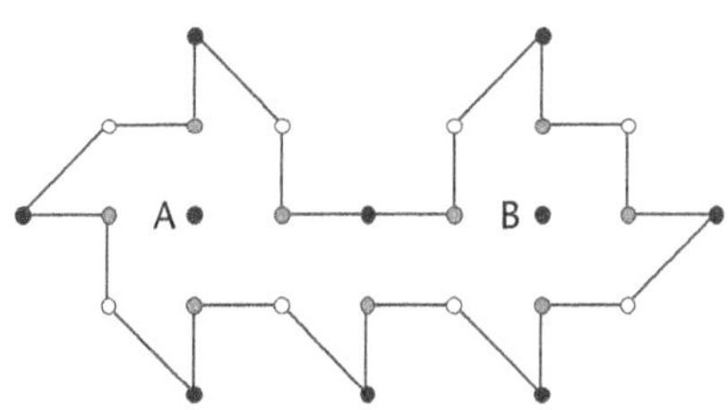

Figura 18.6
Sala não iluminável com 24 lados.

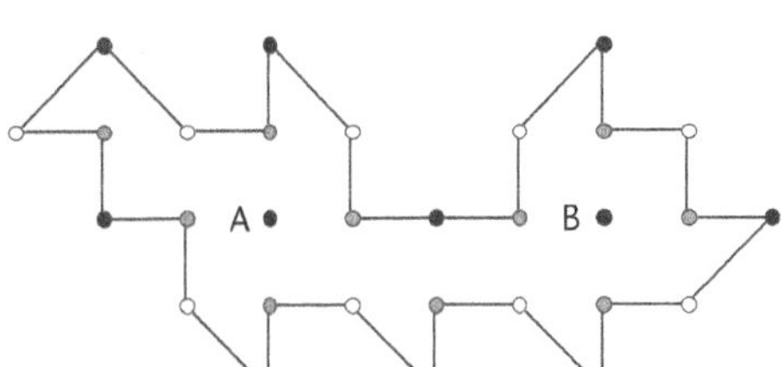

Figura 18.7
Sala não iluminável com 27 lados, um número ímpar.

Há muitos problemas semelhantes, alguns resolvidos, outros não. J. Rauch mostrou que existe uma sala curva cujas paredes têm uma tangente em todos os pontos, exceto um, de tal modo que, para iluminar todos os seus pontos, seria necessário um número infinito de fósforos. Mostrou também que para qualquer número finito de fósforos há uma sala, cujas paredes têm uma tangente em cada ponto que eles não podem iluminar. E J. Pach me fez uma pergunta muito elegante: se você acender um fósforo numa floresta de árvores perfeitamente refletoras, deverá a luz ser visível de fora? Nesse caso as árvores poderiam, por exemplo, ser modeladas como círculos, e o problema é proposto no plano. A resposta ainda não é conhecida.

– 19 –
Piratas em apuro

Os piratas são ferozes, mas democráticos. Na hora de partilhar o que pilharam no último ataque, o mais feroz propõe uma forma de fazer a divisão e ela é submetida à votação. Se a proposta perder, o proponente será atirado aos tubarões e o segundo pirata mais feroz fará uma nova proposta, e assim por diante. Com dez piratas e cem moedas de ouro, que proposta poderia assegurar o maior ganho ao pirata mais feroz? E qual seria ela se houvesse 500 piratas, mas ainda apenas cem moedas de ouro? As respostas são surpreendentes – e o fato de haver respostas é mais surpreendente ainda.

A lógica da matemática leva algumas vezes a conclusões aparentemente esquisitas. A regra nesse caso é que, desde que não haja furos na lógica, as conclusões são válidas. Quando elas entram em choque com a intuição, sua intuição está certa num contexto diferente, mas não naquele caso considerado, ou você precisa refiná-la.

Em setembro de 1988, Stephen M. Omohundro enviou-me um quebra-cabeça que cai exatamente nessa categoria. Seu inventor foi Steven

Landsberg (Universidade de Illinois) e Omohundro descobriu uma variante em que a lógica se torna complexa e as conclusões são notáveis.

Tratemos primeiro da versão original do quebra-cabeça.

Dez piratas pilharam um tesouro de cem moedas de ouro e querem dividir o butim entre si. São piratas democráticos à sua maneira e costumam fazer partilhas desse tipo do seguinte modo: o pirata mais feroz propõe uma forma de divisão e todos votam – cada um tem um voto, inclusive o proponente. Se 50% ou mais votarem a favor, a proposta é aprovada e adotada de imediato. Se ela não obtiver esse percentual, o proponente é jogado borda fora, e o procedimento é repetido com o segundo pirata mais feroz.

Embora todo pirata que se preze goste muito de jogar pessoas pela amurada do navio, quando de trata de si próprio, ele prefere moeda sonante. Todos os piratas são racionais, sabem que os outros piratas são racionais, sabem que eles sabem que... e assim por diante. Em contraste com outros quebra-cabeças que parecem semelhantes (ver capítulo 1), este *não* depende da revelação de algum "conhecimento comum". Todo conhecimento comum já é comumente conhecido. Além disso, não há dois piratas igualmente ferozes, de modo que há uma "hierarquia" precisa – e conhecida por todos. Finalmente: as moedas de ouro são indivisíveis, e os pactos para dividir as moedas não são permitidos (mesmo porque nenhum pirata confia que o colega cumprirá o combinado). É cada um por si.

Que proposta maximizará o ganho do pirata mais feroz?

Em sua contribuição, Omohundro faz a mesma pergunta, mas com 500 piratas em vez de dez (as moedas de ouro continuam sendo as mesmas cem). Por conveniência, numere os piratas de 1 para cima, em ordem de mansidão, de modo que o menos feroz seja o número 1, o segundo menos feroz o número 2 e assim por diante. O pirata mais feroz obtém portanto o número maior, e as propostas se sucedem em ordem numérica inversa, de cima para baixo.

Imitando Omohundro, vou tentar convencê-lo de que a resposta para a versão do problema com dez piratas é esta: o pirata 10 propõe ficar com 96 moedas de ouro para si, dar uma moeda de ouro para os piratas 8, 6, 4 e 2 e nenhuma para os piratas de número ímpar. Em contraste, a resposta para a versão com 500 piratas envolve jogar os 44 primeiros aos tubarões, após o que o pirata número 356... – estou correndo o risco de abrir demais o jogo, você terá de esperar pelo resto.

Como vimos no capítulo 1, o segredo para se analisar todos os jogos de estratégia como este é proceder de trás para diante. No fim, você fica sabendo quais são as boas e as más decisões. Tendo estabelecido isso, você pode transferir esse conhecimento para a penúltima decisão, depois para a antepenúltima, e assim por diante. Começar pela frente, na ordem em que as decisões são realmente tomadas, não o levará muito longe. A razão é que decisões estratégicas giram sempre em torno da pergunta: "Que fará a próxima pessoa se eu fizer *tal coisa*?" Assim, as decisões tomadas depois da sua são importantes. As que foram tomadas antes, não, porque, quaisquer que tenham sido, você não pode fazer nada a respeito delas.

Com isso em mente, o lugar para começar é quando (se isso ocorrer!) o jogo se reduz a apenas dois piratas, P1 e P2. O pirata mais feroz é P2, e (caso o jogo chegue de fato a esse ponto) sua decisão ótima é óbvia: propor cem moedas para si mesmo e nenhuma para P1. Como seu próprio voto é 50% do total, ele ganha. Agora acrescente o pirata P3. O pirata P1 sabe – e P3 sabe que ele sabe – que se a proposta de P3 for derrotada, ele mesmo, P1, não ganhará nada. Assim P1 votará em qualquer coisa que P3 proponha, desde que isso lhe assegure mais do nada. Por conseguinte, P3 usa a menor quantidade possível de ouro para subornar P1 e faz a seguinte proposta: 99 para P3, 0 para P2 e 1 para P1. Vamos escrever isto da seguinte forma:

P1	P2	P3
1	0	99

O raciocínio de P4 é semelhante. Ele precisa de 50% dos votos e, para também ele tem de angariar o voto de exatamente mais um pirata. O suborno mínimo que pode usar é uma moeda de ouro, e ele pode oferecê-la a P2, já que este não ganhará nada se a proposta de P4 for derrotada e P3 apresentar a sua. Assim a alocação proposta aqui se torna

P1	P2	P3	P4
0	1	0	99

O raciocínio de P5 é ligeiramente mais sutil. Ele precisa subornar dois piratas. O suborno mínimo que pode usar são duas moedas de outro, e isso só garantirá seu sucesso de uma única maneira, que consiste em propor a alocação

P1	P2	P3	P4	P5
1	0	1	0	98

A análise prossegue da mesma maneira, cada proposta sendo ditada unicamente pelo fato de dar o máximo de moedas possível ao proponente, desde que lhe assegure uma votação favorável, até que chegamos ao décimo pirata e encontramos a alocação

P1	P2	P3	P4	P5	P6	P7	P8	P9	P10
0	1	0	1	0	1	0	1	0	96

Esta proposta, que indiquei anteriormente, é a solução do quebra-cabeça dos dez piratas.

Aqui entra a contribuição de Omohundro: e se houvesse um número (muito) maior de piratas? Evidentemente, o mesmo padrão persistiria – por algum tempo. De fato, ele persiste até o 200º pirata. P200 não oferecerá nada aos piratas de número ímpar P1-P199, e se disporá a dar uma moeda de ouro a cada um dos piratas de número par P2-198, deixando uma para si mesmo.

No entanto, estamos tentando descobrir a estratégia para 500 piratas. À primeira vista, a argumentação deixa de funcionar a partir de P200, porque P201 não tem mais moedas com que subornar. Mas, como ele continua especialmente empenhado em não ser jogado ao mar, pode abrir mão de ficar com qualquer moeda e propor:

P1	P2	P3	P4	...	P197	P198	P199	P200	P201
1	0	1	0	...	1	0	1	0	0

Isso abre uma nova fase da estratégia, porque o pirata P202 sabe que P201 tem de aceitar não receber nada, porque do contrário será lançado amurada fora. Por isso, ele pode contar com o voto de P201. No entanto, P202 também é obrigado a aceitar não receber nada. Ele precisa usar todas as cem moedas para subornar cem piratas – e estes devem estar entre aqueles que obteriam zero de acordo com a proposta de P201. Como há 101 desses piratas, a proposta de P202 não é mais única. Usemos um asterisco para marcar piratas que *poderiam* obter alguma coisa com a proposta de P202:

P1	P2	P3	P4	...	P197	P198	P199	P200	P201	P202
0	*	0	*	...	0	*	0	*	*	0

Nesta altura, impõe-se uma consideração adicional. Os piratas devem pensar sobre como um pirata que tem alguma *chance* de receber uma moeda de ouro reagirá se efetivamente lhe oferecerem uma. Isso depende de quanto dinheiro, em média, ele se dispõe a sacrificar pelo prazer de jogar alguém ao mar. Como o quebra-cabeça não especifica isso, é razoável supor que os piratas não sabem. Isso significa que o suborno *poderia* dar certo, sendo portanto racional oferecer uma moeda concreta a um pirata que tem apenas uma chance de obter uma moeda mais tarde.

De fato, as coisas são mais satisfatórias: em cada rodada há um número suficiente de 0s líquidos e certos para que os piratas, desse momento em diante, ofereçam subornos somente para *eles*. Na verdade, como Peter Norving mostrou, haverá sempre cem alocações de 0 entre os piratas P1-P200, de modo que podemos descrever uma solução em que os subornos são oferecidos somente para eles (e não para todos). Talvez você esteja se perguntando por que me incomodo com todas estas coisas, uma vez que, obviamente, o pirata 203 não terá dinheiro para subornar um número suficiente de colegas para que votem em sua proposta, seja ela qual for. É verdade, e P203 é lançado ao mar, seja o que for que proponha – resultado que podemos simbolizar com uma cruz. Usamos um ponto de interrogação para mostrar que suas escolhas são irrelevantes, o que dá a situação:

P1	P2	P3	P4	...	P197	P198	P199	P200	P201	P202	P203
?	?	?	?	...	?	?	?	?	?	?	†

Mesmo que esteja condenado a servir de comida aos tubarões, P203 não deixa por isso de desempenhar seu papel nos procedimentos seguintes. Ao contrário, agora P204 sabe que o único objetivo de P203 na vida é evitar fazer qualquer proposta de divisão do espólio. Portanto, P204 pode contar com o voto de 203, seja qual for a proposta que faça. Pois bem, P204 escapa por um triz – pode contar seu próprio voto, o voto de P203 e 100 outros comprados com uma moeda de ouro cada: 102 votos ao todo, os necessários 50%. Assim P204 proporá:

P1	P2	P3	P4	...	P197	P198	P199	P200	P201	P202	P203	P204
*	0	*	0	...	*	0	*	0	*	*	0	0

Que fará P205? Ele não tem a mesma sorte! Não pode contar com os votos de P203 ou P204: se votarem contra ele, terão o gostinho de jogá-lo ao mar e ainda poderão salvar a própria pele. Portanto P205 leva uma †. O mesmo acontece com P206 – ele pode ter certeza do voto de P205, mas isso não basta. Assim também, P207 precisa de 104 votos – 3 mais o seu próprio e de mais cem subornos. Pode obter os votos de P205 e P206, mas precisa de mais um e não tem como consegui-lo. Portanto P207 também leva uma †. P208 tem mais sorte. Ele também precisa de 104 votos, mas P205, P206 e P207 vão votar a seu favor! Somando a isso o voto dele próprio e cem subornos, ele consegue se safar. Terá de oferecer subornos àqueles piratas que obteriam 0 segundo a proposta de P204:

P1	P2	P3	P4	...	P198	P199	P200	P201	P202	P203
0	*	0	*	...	*	0	*	0	0	*
P204	P205	P206	P207	P208						
*	0	0	0	0						

Agora um novo padrão se estabeleceu e continuará indefinidamente. Os piratas que fazem propostas (sempre para ficar sem nada e subornar cem dos primeiros 200 piratas) são separados uns dos outros por sequências cada vez maiores de piratas que serão jogados ao mar seja qual for a proposta que façam – e que se disporão portanto a votar em qualquer proposta de um pirata mais feroz. Os piratas que evitam esta sina são P201, P202, P204, P208, P216, P232, P264, P328, P456, ... e assim por diante – 200 mais uma potência de 2.

Resta descobrir quem são os felizes aquinhoados com subornos, apenas para nos certificarmos de que os aceitarão. Como eu disse, a solução não é única, mas uma maneira de fazer isso é, para P201, oferecer subornos aos piratas de número ímpar entre P2 e P200; para P202, oferecer suborno para os piratas de número par entre P2-P200, depois P204 para os de número ímpar, P208 para os de número par, e assim por diante, numa alternância entre pares e ímpares. Seja como for, concluímos que com 500 piratas e uma excelente estratégia, os primeiros 44 são jogados amurada fora, e depois P456 oferece uma moeda de ouro a P1, P3, P5, ... P199.

Graças a seu regime democrático, os piratas criaram um sistema tal que a maioria dos realmente ferozes é lançada ao mar, e no máximo podem se dar por contentes escapando sem nada do butim. Só os 200 piratas mais bonzinhos podem esperar alguma coisa, e mesmo assim apenas metade *deles*. Não há dúvida: os mansos herdarão a fortuna.

- 20 -
O Campo Minado de um milhão de dólares

Não é toda hora que se pode ganhar um milhão de dólares analisando um jogo de computador, mas, por uma curiosa conjunção da sorte, essa é uma possibilidade real. Mas atenção: para ganhar esse dinheiro você terá de provar que todos os especialistas estão errados, e que um problema que consideram extraordinariamente difícil é na realidade fácil. É melhor não encomendar a Ferrari ainda.

O prêmio é um dos sete – todos no valor de um milhão de dólares – que estão sendo oferecidos no momento pelo Clay Mathematics Institute, sediado em Cambridge, recém-fundado pelo homem de negócios Landon T. Clay para promover o avanço e a difusão do conhecimento matemático. O jogo de computador em questão é o *minesweeper*, ou Campo Minado, que acompanha o sistema operacional Windows™ da Microsoft e envolve a localização de minas ocultas numa grade por meio de tentativas de adivinhar onde estão, com o auxílio de pistas fornecidas pelo computador. E o problema – uma das mais famigeradas perguntas sem resposta da matemática – é o chamado "P = NP?"

A relação entre o jogo e o problema cuja resposta dá direito ao prêmio foi explicada por Richard Kaye, da Universidade de Birminham, Inglaterra (ver "Sugestões de leitura"). E antes que alguém se entusiasme: ganhar uma partida de Campo Minado *não* dá direito ao prêmio. Para embolsá-lo é preciso descobrir um método realmente genial para responder a perguntas acerca do jogo quando jogado em grades gigantescas – e ao que tudo indica esse método genial não existe. Na verdade, uma outra maneira de embolsar aquele milhão seria *provar* essa inexistência.

Comecemos com o Campo Minado. O computador inicia o jogo mostrando uma grade de quadrados vazios. Alguns deles ocultam minas; outros são seguros. Sua tarefa é descobrir onde estão as minas sem detonar nenhuma delas. Você faz isso escolhendo um quadrado. Se houver uma mina debaixo dele, ela é detonada e o jogo acaba – e você perdeu, é claro. Mas se não houver, o computador escreve nesse quadrado um número que o informa quantas minas estão escondidas nos oito quadrados imediatamente adjacentes a esse (na horizontal, vertical e diagonal).

Se na sua primeira tentativa você esbarrar numa mina, azar o seu: não obterá qualquer informação, a não ser a de que perdeu o jogo. Mas se isso não ocorrer, você obterá informação parcial sobre a localização de minas próximas. Usando essa informação, poderá escolher mais um quadrado, e, novamente, detonar uma mina ou obter informação sobre a posição de bombas próximas. Se desejar, você poderá marcar um quadrado como se ele contivesse uma bomba, mas sem detoná-la; mas se errar, perdeu o jogo. Assim procedendo, você pode ganhar o jogo localizando e marcando todas as minas.

Por exemplo, depois de algumas jogadas você pode chegar à posição mostrada na Figura 20.1. Nela, os asteriscos mostram uma mina conhecida (posição já deduzida), os números são a informação que você obteve do computador, e as letras marcam quadrados de status ainda não verificado. Com um pouco de reflexão, você pode deduzir que os quadrados marcados com a letra A devem conter minas, por causa dos 2 que aparecem logo abaixo deles. Os quadrados marcados com B também devem conter minas, por causa dos 4 e 5 próximos. Da mesma maneira, C deve conter uma mina; e por consequência D e E não devem conter mina alguma.

F	D	2	1	2	1
A	A	3	*	4	B
2	2	3	*	5	B
0	0	1	1	4	B
0	1	1	1	2	B
0	1	C	E	E	E

Figura 20.1
Posição típica no Campo Minado

O status de F pode então ser definido após algumas jogadas, marcando-se D e vendo que número aparece.

Passemos agora ao problema P = NP? Lembre-se de que algoritmo é um procedimento para resolver algum problema que pode ser processado por um computador: cada passo é especificado por algum programa. Uma questão central na matemática da computação é: com que grau de eficiência pode um algoritmo resolver um dado problema? Em que grau o tempo de processamento – o número de computações necessárias para obter a resposta – depende dos dados iniciais? Para propósitos teóricos, a principal distinção a fazer é entre problemas que são de tipo P – tempo polinomial – e os que não o são. Um problema é de tipo P se puder ser resolvido com o uso de um algoritmo cujo tempo de processamento não cresce mais rapidamente que (uma constante múltipla de) alguma potência fixa do número requerido para especificar os dados iniciais. Não sendo assim, o problema é não P. Intuitivamente, problemas P podem ser resolvidos com eficiência, ao passo que problemas não P não podem ser resolvidos por meio de algoritmo de qualquer maneira prática, porque qualquer algoritmo poderá levar um tempo absurdamente longo para obter uma resposta. Os problemas de tipo P são fáceis, os de tipo não P são difíceis. É claro que as coisas nem sempre são assim tão simples, mas esta é uma boa regra prática.

Pode-se provar que um problema é do tipo P exibindo um algoritmo que o resolve em tempo polinomial. Por exemplo, pôr uma lista de números em ordem numérica é um problema de tipo P, e é por isso que bancos de dados comerciais podem ordenar dados; procurar uma sequência de símbolos num conjunto de caracteres sucessivos também é um problema de tipo P, e é por isso que processadores de texto comerciais podem efetuar operações do tipo localizar e substituir. Em 2003, para surpresa de muitos matemáticos, foi provado que verificar se um número é primo é um problema de tipo P, que requer uma computação que não vai crescer mais depressa que a 12ª potência do número de dígitos (ver Agrawal *et al.* e Bornemann em "Sugestões de leitura").

Em contraste, acredita-se em geral que o "problema do caixeiro-viajante" – encontrar o percurso mais curto pelo qual um caixeiro-viajante pode visitar todas as cidades de certo itinerário – é um problema não P, mas também isso nunca foi provado. Da correção dessa crença depende a segurança de certos sistemas de criptografia, alguns dos quais são usados para o envio de dados pessoais, como números de cartão de crédito pela Internet.

Por que é tão difícil provar que um problema é não P? Porque não se pode fazer isso analisando qualquer algoritmo particular. É preciso contemplar *todos os algoritmos possíveis* e mostrar que nenhum deles pode resolver o problema em tempo polinomial. Esta é uma tarefa hercúlea. O melhor que já se fez até hoje foi provar que uma ampla classe de candidatos a problemas não P estão todos na mesma posição – se qualquer um deles puder ser resolvido em tempo polinomial, todos os outros também podem. Diz-se que esses problemas têm tempo de processamento "polinomial não determinístico": são de tipo NP.

NP não é o mesmo que não P. Um problema é NP quando se pode verificar se uma solução proposta para ele é *realmente* uma solução em tempo polinomial. Meu exemplo favorito disso é um quebra-cabeça de armar. Pode ser muito difícil resolver um desses jogos, mas se uma pessoa declara ter conseguido, em geral basta uma rápida olhada para verificar se ela tem razão. Para obter uma estimativa do tempo de processamento, basta olhar uma peça de cada vez e certificar-se de que ela se encaixa com o número limitado de peças adjacentes. Se o número de cálculos necessário para isso for aproximadamente proporcional ao número de peças, a verificação é processada em tempo polinomial. Mas não é possível resolver o problema dessa maneira. Tampouco se podem tentar todas as soluções polinomiais sucessivamente e verificar cada uma enquanto se prossegue, porque o número de soluções potenciais cresce muito mais depressa que qualquer potência fixa do número de peças.

Verifica-se que grande número de problemas NP tem tempos de processamento "equivalentes". Especificamente, diz-se que um problema NP é NP-completo se a existência de um tempo polinomial de solução para ele implica que *todos* os problemas NP têm uma solução de tempo polinomial. Se você tiver resolvido um deles em tempo polinomial, terá resolvido todos em tempo polinomial. Há uma ampla série de problemas sabidamente NP-completos. O problema P = NP? pergunta se os tipos P e NP são (ainda que todas as aparências indiquem o contrário) a mesma coisa. A resposta esperada é "não". No entanto, se for provado que *um só* problema NP-completo é de fato de tipo P – tem um tempo polinomial de solução –, ficará provado que NP é igual a P. Podemos portanto esperar que todos os problemas NP-completos sejam não P, mas até hoje ninguém foi capaz de provar isto.

Um dos problemas NP-completos mais simples que se conhece é SAT, a capacidade de uma condição booleana de obter uma satisfação lógica. Os circuitos booleanos são montados a partir de portas lógicas com nomes como E, OU e NÃO. As entradas para esses circuitos são T (verdadeiro) ou F (falso). Cada porta aceita certo número de entradas e emite o valor lógico dessa combinação. Por exemplo uma porta E recebe entradas p, q e emite p E q, o que é T contanto que p e q sejam ambos V, e F de outro modo. Uma porta NÃO transforma entradas T em saídas F, e entradas F em saídas T. O problema SAT pergunta, para um dado circuito booleano, se existem escolhas de entradas que produzam a saída T. Isso pode parecer fácil, mas convém não esquecer que um circuito pode conter um número imenso de portas e ter números imensos de saídas.

A relação com o jogo de computador aparece quando introduzimos o "problema da coerência do Campo Minado". Ele não envolve *achar* minas, mas determinar se um dado estado do que pretende ser um jogo de Campo Minado é ou não logicamente coerente. Por exemplo, se, durante o jogo, aparecesse o estado mostrado na Figura 20.2, você saberia que o

*	2	*			
*	*	*			
				0	0
6				0	1

Figura 20.2
Posição impossível no Campo Minado

programa fizera um erro: não há qualquer alocação de minas compatível com a informação mostrada. Kaye prova que Campo Minado é equivalente ao SAT no seguinte sentido: o problema SAT para um dado circuito booleano pode ser "codificado" como um "problema da coerência do Campo Minado" para alguma posição no jogo, usando-se um procedimento de codificação que é processado em tempo polinomial. Portanto, se você pudesse resolver o "problema da coerência do Campo Minado" em tempo polinomial, teria resolvido o problema SAT para esse circuito em tempo polinomial. Em outras palavras, Campo Minado é NP-completo. Assim, se um gênio encontrar uma solução de tempo polinomial para Campo Minado, ou provar que não existe nenhuma solução desse tipo, o problema P = NP? estará resolvido (de uma maneira ou de outra).

A prova de Kaye envolve um procedimento sistemático para converter circuitos booleanos em posições no Campo Minado. Nela, um quadrado na grade tem estado T se contiver uma mina, F se não contiver. O primeiro passo não envolve nenhuma porta, mas os fios que as conectam. A Figura 20.3 mostra um fio do Campo Minado. Todos os quadrados marcados com *x* contêm uma mina (T) ou não contêm (F), mas não sabemos quais. Todos os quadrados marcados com *x*' fazem o oposto de *x*. Você deveria verificar se todos os números mostrados estão corretos, quer *x* seja T ou F. O efeito do fio é "propagar" o sinal T ou F ao longo de sua extensão, pronto para ser introduzido numa porta.

A Figura 20.4 mostra uma porta NÃO. Os números marcados no bloco do meio forçam um intercâmbio de *x* e *x*' no fio de saída, se comparado

0	0	0	0	0	0	0	0	0	0	0	0	0	0
1	1	1	1	1	1	1	1	1	1	1	1	1	1
x	x	x	x	x	x	x	x	x	x	x	x	x	x
1	1	1	1	1	1	1	1	1	1	1	1	1	1
0	0	0	0	0	0	0	0	0	0	0	0	0	0

Figura 20.3
Um fio

ao fio de entrada. A porta E (Figura 20.5) é mais complicada. Tem dois fios de entrada, U, V, e um de saída W. Para estabelecer que isto é uma porta E, supomos que a saída é T e mostramos que ambas as saídas devem ser T também. Como a saída é T, todo símbolo t deve indicar uma mina, e todo t' uma não mina. Ora, 3 acima e abaixo de a_3 implica que a_2 e a_3 são minas, portanto a_1 não é uma mina, portanto s é uma mina. De maneira semelhante, r é uma mina. Além disso o 4 central já tem quatro minas como vizinhos, o que implica que u' e v' são não minas, portanto u e v são minas – e isso significa que U e V têm valor de verdade. Inversamente, se U e V têm valor T, W também tem. Em suma, temos aqui uma porta E, como foi afirmado.

					1	1	1					
1	1	1	1	1	2	∗	2	1	1	1	1	1
x	x	1	x	x	3	x	3	x	x	1	x	x
1	1	1	1	1	2	∗	2	1	1	1	1	1
					1	1	1					

Figura 20.4
Uma porta NÃO

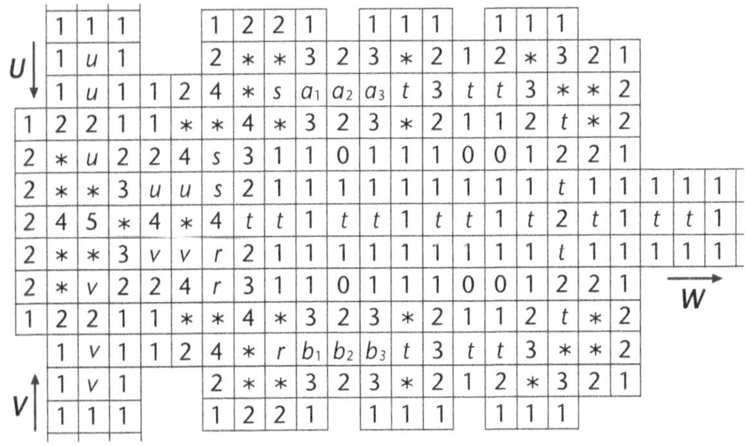

Figura 20.5
Uma porta E

A eletrônica do Campo Minado envolve mais do que isso – por exemplo, precisamos ser capazes de curvar fios, parti-los, emendá-los ou fazer com que se cruzem sem se conectar. Em seu artigo, Kaye resolve todos esses problemas, e outros mais sutis. O resultado é demonstrar que resolver o "problema da coerência do Campo Minado" é algoritmicamente equivalente a resolver o problema SAT, sendo ele, portanto, NP-completo. Para praticamente todos os matemáticos e cientistas da computação, isso significa que o "problema da coerência do Campo Minado" deve ser em si mesmo difícil. É assombroso que um jogo simples tenha essas consequências inabordáveis, mas os jogos matemáticos são assim.

Se você estiver interessado naqueles prêmios de um milhão de dólares, uma palavra de advertência. Para ser considerada, uma solução deve cumprir regras estritas estipuladas pelo Clay Institute. Em particular, deve ser publicada por uma revista importante que só veicule matérias previamente aprovadas por especialistas e ter obtido "aceitação geral" da comunidade matemática nos dois anos seguintes à publicação. Mas mesmo que não pretenda enfrentar nada tão assustador, você pode se divertir muito jogando Campo Minado, com a certeza de que o jogo encerra um dos grandes problemas não resolvidos de nossa época.

Sugestões de leitura

CAPÍTULO 1: Eu sei que você sabe que...

David Gale. "More Paradoxes: Knowledge Games", *Mathematical Intelligencer*, vol.16, n.4, 1994, p.38-44.

J.M. Lasry, J.M. Morel e S. Solimin. "On Knowledge Games", *Revista Matematica de la Universidad Complutense de Madrid*, vol.2, 1989.

CAPÍTULO 2: Teorias do dominó

Martin Gardner. *Mathematical Puzzles and Diversions from Scientific American*. Londres, Bell, 1961.

Russ Honsberger. *Mathematical* Gems *I*. Washington D.C., Mathematical Association of America, 1973.

Maurice Kraitchik. *Mathematical Recreations*. Londres, Allen and Unwin, 1943.

CAPÍTULO 3: A arte de virar a mesa

Elwyn R. Berlekamp, John H. Conway e Richard K. Guy. *Winning Ways*, vol.2. Nova York, Academic Press, 1982.

CAPÍTULO 4: O princípio antropomúrphico

Robert Matthews. "Tumbling toast, Murphy's Law, and the Fundamental Constants", *European Journal of Physics*, vol.18, 1995, p.172-6.

Robert Matthews. "The Science of Murphy's Law", *Scientific American*, abril 1997, p.72-5.

CAPÍTULO 5: Quantas cabeças de gado tem o Sol?

Albert H. Beiler. *Recreations in the Theory of Numbers*. Nova York, Dover, 1964.

David Fowler. *The Mathematics of Plato's Academy*. Oxford University Press, 1987.

Harry L. Nelson. "A Solution to Archimedes' Cattle Problem", *Journal of Recreational Mathematics*, vol.13, 1981, p.162-76.

C. Stanley Ogilvy. "*Tomorrow's Math*. 2ª ed. Nova York, Oxford University Press, 1972.

Ilan Vardi. "Archimedes' Cattle Problem", *American Mathematical Monthly* vol.105, n.4, abril 1998, p.305-19.

CAPÍTULO 6: O Rinoceronte de Robbingham

Hallard T. Croft, Kenneth J. Falconer e Richard K. Guy. *Unsolved Problems in Geometry*. Nova York, Springer-Verlag, 1991.

H. Joris. "Le chasseur perdu dans la forêt", *Elementa Mathematicae*, vol.35, 1980, p.1-14.

CAPÍTULO 7: Quebra-cabeças bidirecionais

Greg N. Frederickson. *Dissections: Plane and Fancy*. Cambridge, Cambridge University Press, 1997.

Harry Lindgren. *Geometric Dissections*. Princeton, Van Nostrand, 1964.

Ian Stewart. *From Here to Infinity*. Oxford, Oxford University Press, 1996.

Stan Wagon. *The Banach-Tarski Paradox*. Cambridge, Cambridge University Press, 1985.

CAPÍTULO 8: Histórias de um número desprezado

Mario Livio. *The Golden Ratio*. Nova York, Broadway, 2002.

Benjamin M.M. de Weger. "Padua and Pisa are exponentially far apart", *Publicacions Matemàtiques*, vol.41, 1997, p.631-51.

CAPÍTULO 11: Guia de navegação entre calendários

Nachum Dershowitz e Edward M. Reingold. *Calendric Calculations: the Millennium Edition*. Cambridge, Cambridge University Press, 2001.

CAPÍTULO 12: A partilha perfeita

Steven J. Brams e Alan D. Taylor. "An Envy-Free Cake Division Protocol", *The American Mathematical Monthly*, vol.102, janeiro de 1995, p.9-18.

David Gale. "Mathematical Entertainments", *The Mathematical Intelligencer*, vol.15, n.1, 1993, p.50-2.

CAPÍTULO 13: A quadratura do quadrado

R.L. Brooks, C.A.B. Smith, A.H. Stone e W.T. Tutte. "The Dissection of Rectangles into Squares", *Duke Mathematical Journal*, vol.7, 1940, p.312-40.

Hallard T. Croft, Kenneth J. Falconer e Richard K. Guy. *Unsolved Problems in Geometry*. Nova York, Springer, 1991, p. 81.

David Gale. "Mathematical entertainments", *The Mathematical Intelligencer*, vol.15, n.1, 1993, p.48-50.

Martin Gardner. *More Mathematical Puzzles and Diversions*. Londres, Bell, 1963.

CAPÍTULO 14: A conjectura do fole

W.W. Rouse Ball, *Mathematical Recreations and Essays*. Londres, Macmillan, 1939.

CAPÍTULO 15: Com quantos homens se faz uma pirâmide?

Stuart Kirkland Wier. "Insight from Geometry and Physics into the Construction of Egyptian Old Kingdom Pyramids", *Cambridge Archaeological Journal*, vol.6, 1996, p.150-63.

CAPÍTULO 16: Seja um grande mestre do Liga-Ponto

Elwyn Berlekamp. *The Dots and Boxes Game*. Natick M.A.A.K. Peters, 2000.

CAPÍTULO 17: Jogos para chocólatras

Elwyn R. Berlekamp, John H. Conway e Richard K. Guy. *Winning Ways*. Nova York, Academic Press, 1982, p.598.

David Gale. *Tracking the Automatic Ant*. Nova York, Springer, 1998.

CAPÍTULO 18: Reflexões no salão de espelhos

George Tokarsky. "Polygonal Rooms not Illuminable from Every Point", *American Mathematical Monthly*, vol.102, n.10, 1995, p.867-79.

Hallard T. Croft, Kenneth J. Falconer e Richard K. Guy. *Unsolved Problems in Geometry*. Nova York, Springer, 1991.

Victor Klee e Stan Wagon. *Old and New Unsolved Problems in Plane Geometry and Number Theory*. Washington, D.C., Mathematical Association of America, 1991.

CAPÍTULO 20: O Campo Minado de um milhão de dólares

Manindra Agrawal, Neeraj Kayal e Nittin Saxena. "PRIMES Is in P", IIT Kanpur preprint, 8 de agosto de 2002, http:/ / www.cse.iitk.ac.in/news/primality.html

Folkmar Bornemann. "PRIMES Is in P: A Breakthrough for 'Everyman' ", *Notices of the American Mathematical Society*, vol.50, n.5, 2003, p.545-52.

Richard Kaye. "Minesweeper Is NP-complete", *Mathematical Intelligencer*, vol.22, n.2, 2000, p.9-15.

Créditos das figuras

Figura 7.9: *American Mathematical Monthly*, reproduzida com a permissão do autor e da editora.

Figuras 7.1a, 7.2b, 7.4, 7.5, 7.6a, 7.6b, 7.6c, 7.8, 7.10 e 7.11: *Dissections: Plane and Fancy*, 1997, Cambridge University Press, Greg N. Frederikson, 1997, reproduzidas com a permissão do autor e da editora.

Figuras 7.2a, 7.3 e 7.10b: *Journal of Recreational Mathematics*, reproduzidas com a permissão do autor e da editora.

Figura 7.6d: *Recreational Mathematics Magazine*, reproduzidas com a permissão do autor e da editora.

Índice remissivo